U0226026

高等职业教育项目课程改革规划教材

前端网页设计

杜黎强　编著

机 械 工 业 出 版 社

本书内容对应 Web 前端开发类课程，力求使学生全面了解和掌握基于 Web 2.0 标准的网页设计的基本知识和技术。本书包括两个项目：内容型班级网站前端开发，电子商务型企业网站前端开发。每个项目分别包括 4 个任务，各任务又细化为任务描述、任务分析、任务实施和任务评价 4 个环节。每个项目完成后，根据项目综合评价标准，附有项目展示和项目评价供教学评测。

通过本书的学习，学生可具备根据客户需求进行 Web 2.0 标准网站的规划、使用 DIV+CSS 实现网页布局和设计、使用 DIV+CSS 实现常用的网页特效、快速开发基于 DIV+CSS 的网站（静态两级页面）项目等职业能力。

本书适合作为高职院校、技工院校、职业教育机构的前端网站开发类课程的教材，也可供网站开发设计人员及网络爱好者参考使用。

为方便教学，本书配备电子课件等教学资源。凡选用本书作为教材的教师均可登录机械工业出版社教材服务网 www.cmpedu.com 免费下载。如有问题请致信 cmpgaozhi@sina.com，或致电 010-88379375 联系营销人员。

图书在版编目（CIP）数据

前端网页设计/杜黎强编著. —北京：机械工业出版社，2013.10

高等职业教育项目课程改革规划教材

ISBN 978-7-111-44372-8

Ⅰ．①前…　Ⅱ．①杜…　Ⅲ．①网页制作工具—高等职业教育—教材　Ⅳ．①TP393.092

中国版本图书馆 CIP 数据核字（2013）第 244669 号

机械工业出版社（北京市百万庄大街 22 号　邮政编码 100037）

策划编辑：刘子峰　　责任编辑：刘子峰　吴超莉

版式设计：霍永明　　责任校对：赵　蕊

封面设计：鞠　杨　　责任印制：杨　曦

北京四季青印刷厂印刷

2014 年 1 月第 1 版第 1 次印刷

184mm×260mm · 10 印张 · 228 千字

0001 — 3000 册

标准书号：ISBN 978-7-111-44372-8

定价：20.00 元

高等职业教育项目课程改革规划教材编审

委　员　会

序

我国的职业教育正在经历课程改革的重要阶段。传统的学科型课程被彻底解构，以岗位实际工作能力的培养为导向的课程正在逐步建构起来。在这一转型过程中，出现了两种看似很接近，而实际上却存在重大理论基础差别的课程模式，即任务驱动型课程和项目化课程。二者表面上很接近，是因为它们都强调以岗位实际工作内容为课程内容。国际上已就如何获得岗位实际工作内容取得了完全相同的基本认识，那就是以任务分析为方法。这可能是二者最为接近之处，也是人们容易混淆二者关系的关键所在。

然而极少有人意识到，岗位上实际存在两种任务，即概括的任务和具体的任务。例如对商务专业而言，联系客户是概括的任务，而联系某个特定业务的特定客户则是具体的任务。工业类专业同样存在这一明显区分，如汽车专业判断发动机故障是概括的任务，而判断一辆特定汽车的发动机故障则是具体的任务。当然，许多有见识的课程专家还是敏锐地觉察到了这一区别，如我国的姜大源教授使用了写意的任务和写实的任务这两个概念。美国也有课程专家意识到了这一区别并为之困惑。他们提出的问题是："我们强调教给学生任务，可现实中的任务是非常具体的，我们该教给学生哪些任务呢？显然我们是没有时间教给他们所有具体任务的。"

意识到存在这两种类型的任务是职业教育课程研究的巨大进步，而对这一问题的有效处理，将大大推进以岗位实际工作能力的培养为导向的课程模式在职业院校的实施，项目课程就是为解决这一矛盾而产生的课程理论。姜大源教授主张在课程设计中区分两个概念，即课程内容和教学载体。课程内容即要教给学生的知识、技能和态度，它们是形成职业能力的条件（不是职业能力本身），课程内容的获得要以概括的任务为分析对象。教学载体即学习课程内容的具体依托，它要解决的问题是如何在具体活动中实现知识、技能和态度向职业能力的转化。它的获得要以具体的任务为分析对象。实现课程内容和教学载体的有机统一，是项目课程设计的关键环节。

这套教材设计的理论基础就是项目课程。教材是课程的重要构成要素。作为一门完整的课程，我们需要课程标准、授课方案、教学资源和评价方案等，但教材是其中非常重要的构成要素。它是连接课程理念与教学行为的重要桥梁，是综合体现各种课程要素的教学工具。一本好的教材既要体现课程标准，又要为寻找所需教学资源提供清晰的索引，还要有效地引导学生对教材进行学习和评价。可见，教材开发是项非常复杂的工程，对项目课程的教材开发来说更是如此，因为它没有成熟的模式可循，即使在国外我们也几乎找不到成熟的项目课程教材。除这些困难外，项目教材的开发还担负着一项艰巨任务，那就是如何实现教材内容的突破，如何把现实中非常实用的工作知识有机地组织到教材中去。

这套教材在以上这些方面都进行了谨慎而又积极的尝试，其开发经历了一个较长的过程（约4年时间）。首先，教材开发者们组织企业的专家，以专业为单位对相应职业岗位上的工作任务与职业能力进行了细致而有逻辑的分析，并以此为基础重新进行了课程设置，撰写了专业教学标准，以使课程结构与工作结构更好地吻合，最大限度地实现职业能力的培养。其次，教材开发者们以每门课程为单位，进行了课程标准与教学方案的开发，在这一环节中尤其突出了教学载体的选择和课程内容的重构。教学载体的选择要求具有典型性，符合课程目标要求，并体现该门课程的学习逻辑。课程内容则要求真正描绘出实施项目所需的专业知识，尤其是现实中的工作知识。在取得以上课程开发基础研究的完整成果后，教材开发者们才着手进行了这套教材的编写。

经过模式定型、初稿、试用和定稿等一系列复杂阶段，这套教材终于得以诞生。它的诞生是目前我国项目课程改革中的重要事件。因为它很好地体现了项目课程思想，无论在结构还是内容方面都达到了高质量教材的要求。它所覆盖专业之广，涉及课程之多，在以往类似教材中少见，其系统性将极大地方便教师对项目课程的实施；对其开发遵循了以课程研究为先导的教材开发范式。对一个国家而言，一个专业、一门课程，其教材建设水平其实体现的是课程研究水平，而最终又要直接影响其教育和教学水平。

当然，这套教材也不是十全十美的，我想教材开发者们也会认同这一点。来美国之前我就抱有一个强烈的愿望，希望看看美国的职业教育教材是什么样子。在美国确实有许多优秀教材，尤其是普通教育的教材，设计得非常严密，其考虑之精细令人赞叹，但职业教育教材却往往只是一些参考书。美国教授对传统职业教育教材也多有批评，有教授认为这种教材只是信息的堆砌，而非真正的教材。真正的教材应体现教与学的过程。如此看来，职业教育教材建设是全球所面临的共同任务。这套教材的开发者们一定会继续为圆满完成这一任务而努力，因此他们也一定会欢迎老师和同学对教材的不足之处不吝赐教。

徐国庆

2010 年 9 月 25 日于美国俄亥俄州立大学

前　言

Web 前端开发是从网页制作演变而来的。前端开发的入门门槛比较低，应用多为局部效果并且很零散，处于 Web 开发流程的中间位置，无论是在底层技术的支持上，还是跨平台兼容的需求上，都为迎来前端的繁荣局面做好了准备。随着各大互联网公司对前端开发的重视，前端开发人员逐渐增多，前端主导的产品越来越多，前端设计师在整个产品开发中也处于越来越重要的位置。

为了更好地适应技工类院校的培养模式，深圳技师学院一直致力于进行"以学生为中心，以工作过程为导向"的项目课程教学方法改革，以求符合当前的职业教育和技工教育。而本书的编写，就是针对前端开发类课程教学改革而进行的初步探索。

本书内容对应 Web 前端开发类课程，力求使学生全面了解和掌握基于 Web 2.0 标准的网页设计的基本知识和技术。根据此类课程的教学大纲，作者精心设计了两个项目：内容型班级网站前端开发，电子商务型企业网站前端开发。每个项目分别包括 4 个任务，各任务又细化为任务描述、任务分析、任务实施和任务评价 4 个环节。每个项目完成后，根据项目综合评价标准，附有进行项目展示和项目评价供教学评测。

通过本书的学习，学生可具备根据客户需求进行 Web 2.0 标准网站的规划、使用 DIV+CSS 实现网页布局和设计、使用 DIV+CSS 实现常用的网页特效、快速开发基于 DIV+CSS 的网站（静态两级页面）项目等职业能力。

本书由深圳技师学院电子信息技术系的杜黎强编著并统稿。

由于作者水平有限，书中错误及不足之处在所难免，恳请广大读者批评指正。

编　者

目　录

项目一

内容型
班级网站前端开发

项目说明（开发背景）：由于本课程为电子信息技术系电子商务专业班的必修课程，在本课程教学实施中从设计一个简单的班级网站项目开始，不仅学生可深入浅出地掌握 XHTML 网站布局的基础和技能，并且也达到了学生使用完成的班级网站项目来更好地为班级服务的目的，真正实现职业技术教育教学的培养目标——学以致用。

此项目的实施以教学班分组形式开展。以下是学完此课程的班级各组同学在设计开发此项目之前所作的设计目的：

全班 40 多位同学带着对未来的憧憬也带着自己的梦想共聚一堂，共同组成了现在的班级！感谢缘分让全班同学相聚一起，能够共同度过美好的学习时光，大家将共同学习，共同分享生活中的酸甜苦辣，共同追逐梦想！有了班级网站，有助于同学的交流和相互提交意见，观看最新动态，有助于活动的实施，班级相册可以方便同学对校园生活精彩瞬间的回顾和浏览，班级网站的宗旨是：分享你、我的快乐！记录班级精彩活动……

任务一 规划网站

任务描述

网站规划包含的内容很多，如网站主题、结构、风格、栏目的设置、颜色搭配、版面布局、图像文字运用等，只有在设计网站之前将这些方面都考虑到了，才能驾轻就熟地设计开发出结构完整、符合要求的网站，从而才有可能设计出有个性、有特色并有吸引力的网页。本任务主要以"毕业班"班级网站为实例，完成实施本课程的班级网站的规划。

任务分析

从任务描述中可以得知网站规划包括的内容很多，因此在任务分析中进行一些基本概念的说明。

1. 网站目录

网站目录是指创建网站和存放网页的目录。目录结构设置是否合理，将影响站点的上传、维护、扩充等。因此，在建立站点目录结构时应注意以下几点：

1）按栏目内容建立子目录，减少根目录下的文件数，可减少上传耗费的时间。

2）主目录下建立独立的 images 目录，有利于编辑、整理相应文件。

3）不要使用中文目录，以免对网址的正确显示造成困难。

4）不使用过长目录名，不便于记忆。

2. 网站类型

（1）展示型

主要以展示形象为主，艺术设计成分比较高，内容不多，多见于从事美术设计方面的工作室或家居设计公司。

（2）内容型

主要以内容为主，用内容吸引人。多见于普通的公司、单位网站，用于公司动态或服务信息等，站点设计以简洁大方为主。

（3）电子商务型

主要以从事电子商务为主，要求安全性、稳定性高。设计简洁大方，又具有热闹、有人气的感觉。颜色多用蓝色，以增加信任感。

（4）信息发布型（门户型）

类似内容型，比内容型综合，除表现更为丰富的内容外，更注重网站与用户之间的交流。

3．网站主题和名称

设计一个站点，首先要定位网站主题，即网站的题材。对题材的选择要求：定位要准，内容要精。网站名称要求：要易记而有特色。

4．网站 CI 设计

CI（Corporate Identity，企业认同感），引申为企业形象识别。可以包含下列几点：

（1）网站标志（logo）

网站标志可以是中文或英文字母，也可以是符号或图案等。标志的设计创意来自网站的名称和内容。

网站的 logo，目前有三种规格：

1）88×31 像素，这是互联网上最普遍的 logo 规格。

2）120×60 像素，这种规格属于一般大小的 logo。

3）120×90 像素，这种规格属于大型 logo。

logo 设计原则如下：

1）简洁。

2）在黑色和白色底色下均能良好显示。

3）在小尺寸下能良好显示。

4）在众多情况下能良好显示（如产品包装上、广告上等）。

5）通常要包含单位的名称。

6）作为单位的标志，能充分展示单位的沟通意图。

logo 的设计手法主要有以下几种：

1）表象性手法。

2）表征性手法。

3）借喻性手法。

4）标识性手法。

5）卡通化手法。

6）几何形构成手法。

7）渐变推移手法。

其中标识性手法、卡通化手法和几何形构成手法是最常用的网站 logo 设计手法。标识性手法是用标志、文字、字头、字母的表音符号来设计 logo；卡通化手法是通过夸张、幽默的卡通图像来设计 logo；几何形构成手法是用点、线、面、方形、圆形、多边形或三维空间等几何图形来设计 logo。

logo 的设计技巧很多，概括说来要注意以下几点：

1）保持视觉平衡、讲究线条的流畅，使整体形状美观。

2）用反差、对比或边框等强调主题。

3）选择恰当的字体。

4）注意留白，给人想象空间。

5）运用色彩，因为人们对色彩的反应比对形状的反应更为敏锐和直接，更能激发情感。

（2）网站的色彩

Web 设计中，好的色彩搭配使网页内容重点突出，网站风格统一，更易于浏览。

网站色彩搭配技巧如下：

1）使用一种色彩，即选定一种颜色，可以对它的亮度和饱和度进行调整。

2）使用两种色彩，即先选定一种颜色，再选择它的对比色。

3）使用一个色系，即使用一个感觉的色彩，如淡黄、淡绿、淡红或土黄、土蓝、土红。

网站用色基本原则如下：

1）整体性。网站各页面色彩从色调和比例上都有各自的角色，主色调、辅助色、点睛色、背景色一起组合成有节奏、和谐统一的色彩关系。

2）适用性。根据不同类型的网站选择最适合的色彩，不同类型的网站需要运用不同的色彩效果去表现，使形式与内容相统一。

3）独特性。为突出网站特性，在符合网站主题内容的要求下，使色彩特性充分发挥，使网站在同类中脱颖而出。

网页最常用流行色如下：

1）蓝色——蓝天白云，沉静整洁的颜色。

2）绿色——绿白相间，雅致而有生气。

3）橙色——活泼热烈，标准商业色调。

4）暗红——宁重、严肃、高贵，需要配黑和灰来压制刺激的红色。

颜色的忌讳如下：

1）忌脏——背景与文字内容对比不强烈，灰暗的背景令人沮丧。

2）忌纯——艳丽的纯色对人感官的刺激太强烈，缺乏内涵。

3）忌跳——再好看的颜色，也不能脱离整体。

4）忌花——要有一种主色贯穿其中，主色并不是面积最大的颜色，而是最重要、最能揭示和反映主题的颜色，就像领导者一样，虽然在人数上居少数，但起决定作用。

5）忌粉——颜色浅固然显得干净，但如果对比过弱，就会显得苍白无力。

6）蓝色忌纯，绿色忌黄，红色忌艳。

几种固定搭配如下：

1）蓝白橙——蓝为主调。白底，蓝标题栏，橙色按钮或 ICON 做点缀。

2）绿白蓝——绿为主调。白底，绿标题栏，蓝色或橙色按钮或 ICON 做点缀。

3）橙白红——橙为主调。白底，橙标题栏，暗红或橘红色按钮或 ICON 做点缀。

4）暗红黑——暗红主调。黑或灰底，暗红标题栏，文字内容背景为浅灰色。

（3）网站的标准字体

标准字体是指用于标志、标题、主菜单的特有字体。一般网页默认字体是宋体。

（4）网站版面布局

版面布局设计，即将所有要体现的内容有机整合和分布，在浏览器上呈现一个完整的页面，以达到合理的视觉效果。以下列举几种常见的版面布局形式：

1）"T"型布局。页面顶部为横条网站标志+广告条，下方左面为主菜单，右面显示内容的布局，如图 1-1 所示。

图 1-1 "T"型版面布局效果

2）"口"型布局。页面一般上下各有一个广告条，左面是主菜单，右面放友情链接等，中间是主要内容，如图 1-2 所示。

图 1-2 "口"型版面布局效果

3）"三"型布局。页面上横向两条色块，将页面整体分割为四部分，色块中大多放广告条，如图 1-3 所示。

图 1-3 "三"型版面布局效果

4）"对称对比"型布局。左右或者上下对称的布局，一半深色，一般用于设计型站点，如图 1-4 所示。

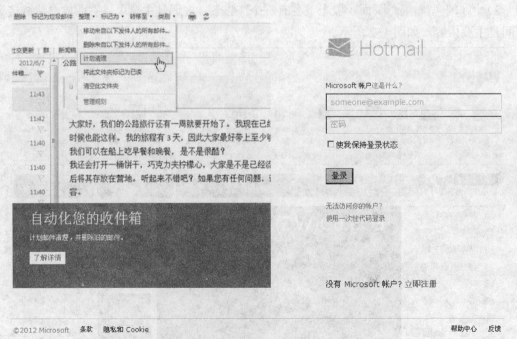

图 1-4 "对称对比"型版面布局效果

5）"宣传海报"型布局。页面布局像一张宣传海报，以一张精美图片作为页面的设计中心，如图 1-5 所示。

图 1-5 "宣传海报"型版面布局效果

5．网站结构设计

（1）超链接设计

超链接是在一个网页中嵌入指向另一个网页的指针，浏览用户用鼠标单击此超链接就可以打开另一个网页。

（2）导航设计

网页上大量的超链接，使网站构成了复杂的网络结构。如何使浏览用户在浏览网页时不"迷路"，超链接和导航的设计至关重要。

 任务实施

步骤一　确定网站主题和名称

通过任务分析，各组同学已经很清楚地知道，网站规划首先要做的就是确定网站主题和名称，再根据网站主题来确定网站的风格及各网页版面布局。

通过对教学实例网站"毕业班"班级网站的分析，给各组同学提出两大类主题：专业学习型和班级活动型，根据主题确定各组所设计网站的风格。

在此步骤中，各组同学要完成以下操作。

操作一：网站 logo 的设计。

➥ **提示**

通过在任务分析中对网站 logo 设计原则、设计方法及设计技巧的描述说明，各组同学可以根据班级网站的主题、班风班貌及能代表班级特点的设计理念进行 logo 的设计。

操作二：色彩搭配及选择标准字体。

➥ **提示**

1）通过任务分析中对网站色彩的使用说明，各组同学在选择网站主色调及辅助色调时，一定要考虑色调的协调性、统一性，使网站 logo、网站主页及各次页的色彩定位协调统一。

2）通过任务分析中对网站的标准字体的描述使用说明，各组同学一定要注意网站 logo、网页中标题及主菜单中的字体一定要统一。

步骤二 绘制网站框架结构图

根据任务分析，各组同学要完成网站框架结构图，使自己要设计的网站结构清晰无误。在此步骤中，根据教学实例网站"毕业班"班级网站的框架结构图，各组同学完成自己要设计的网站框架结构图，如图 1-6 所示。

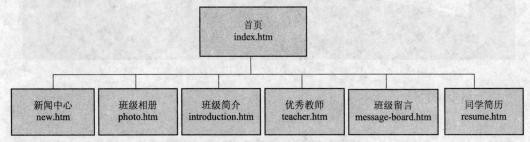

图 1-6 "毕业班"班级网站的框架结构

步骤三 拟定网站目录结构

根据网站框架结构图，让各组同学拟定网站目录结构。合理的网站目录，可以提高网站的上传、维护及扩充等操作的速度。在此步骤中，根据教学实例网站"毕业班"班级网站的目录结构图，各组同学完成本组要设计的网站目录结构，如图 1-7 所示。

网站资源文件

04ecg5	css	存放样式表文件夹
	images	存放网站图像文件夹
	photo	存放照片文件夹
	introduction.html	"班级简介"文件
	message-board.html	"班级留言"文件
	news.html	"新闻中心"文件
	photo.html	"班级相册"文件
	resume.html	"同学简历"文件
	teacher.html	"优秀教师"文件
	index.html 360seURL 3 KB	"网站首页"文件

图 1-7 "毕业班"班级网站目录结构

任务评价

　　根据任务描述、任务分析及任务实施 3 个步骤，各组同学已完成本组要设计的班级网站规划任务。根据下列任务考核评价表的标准，进行任务评价。

任务考核评价表

序　号	考核内容		考核标准	配　分	得　分
1	职业素养（40%）	诚信	按时上交任务准备、实施及总结页的作业	10	
2		规范	文件命名合理	5	
3			项目文件夹结构合理	5	
4			任务工作页内容完整，页面整洁	5	
5		团结协作（组长评价）	服从组长安排，主动参与任务开发	10	
6			按时并保质保量完成分工工作	5	
7	工作质量（60%）	规划网站	logo 设计 / 设计创意符合网站主题内容　设计规格符合 logo 设计标准（大小、格式）	15	
8			网站命名 / 定位准确，符合主题	5	
9			网站结构框图 / 符合项目设计要求（两级页面）符合网站页面设计要求（至少 4 张次页）	20	
10			网站资源目录 / 结构清晰 文件命名合理	20	
合计				100	

➥ 任务实施的准备工作

页面制作所需的软件工具比较多，以下列出本项目实施所用到的工具软件：

1）Dreamweaver CS4。

2）Photoshop 8.0。

3）Internet Explorer 8.0。

4）Firefox 7.0。

5）Google chrome 12.0。

6）IEteste。

其中，IE 8.0 是 Web 前端开发必备的工具。IE 8.0 版本已经继承了 IE 7.0 的渲染引擎，所以具备了 IE 8.0 也就具备了 IE 7.0 浏览器测试环境。

任务描述

网站首页一般是网站中信息量较大的一个页面，因为从首页可以了解如网站主题、结构、风格、栏目的设置、颜色搭配、版面布局、图像文字运用等内容，只有在设计网站之前将这些方面都考虑到，才能驾轻就熟地设计开发出结构完整、符合要求的网站，从而才有可能设计出有个性、有特色并有吸引力的网页。本任务主要以"毕业班"班级网站为实例，完成各小组班级网站首页的布局设计和制作。

任务分析

首页设计的步骤是：确定首页的功能模块，设计首页的版面，处理技术上的细节。就"毕业班"班级网站首页设计分析为例，该页面结构分析如图 1-8 所示。

图 1-8　首页结构分析

根据页面布局分析看到此页面分为头部、内容和底部。根据国际 Web 标准，只要网页设计遵循 DIV+CSS 规则，就可以编写代码了。一般情况下先写好 HTML 网页结构文件后才开始写 CSS 样式文件，HTML 文件就好比是一个人的骨骼形体，而 CSS 好比是人穿的衣服，衣服可以经常更换，而人的骨骼形体应该固定不变。HTML 文件的质量好坏会直接影响到 CSS 样式文件的发挥。

 任务实施

步骤一　创建网站首页 HTML 文件

此步骤中各组同学要完成的操作如下：

操作一：新建文件。

1）首先打开 Dreamweaver CS4，进入欢迎页面，如图 1-9 所示。

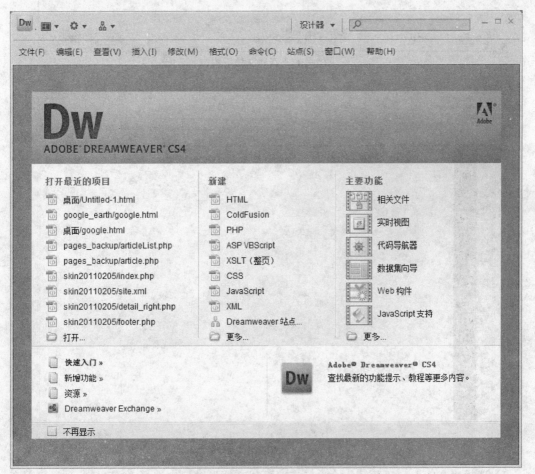

图 1-9　Dreamweaver CS4 的欢迎页面

2）选择"文件"→"新建"命令，弹出如图 1-10 所示窗口，然后在"页面类型"列表中选择"CSS"项，创建两个 CSS 文件，分别是各页面公用模块 style.css 文件和各页面 cssreset.css 文件，并且保存至各组同学的个人文件夹中，如图 1-11 所示。

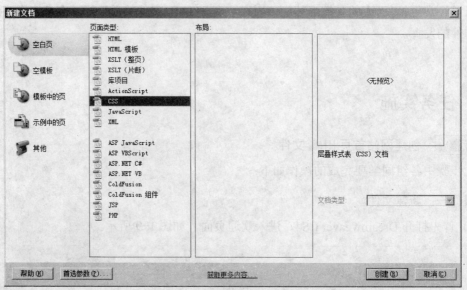

图 1-10 "新建文档"窗口

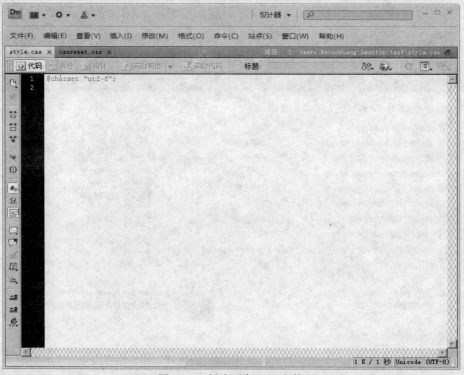

图 1-11 创建两个 CSS 文件

3）选择"文件"→"新建"命令，在"新建文档"窗口中选择"HTML"项，接着在右下角的"文档类型"下拉列表中选中"XHTML 1.0 Transitional"选项，然后在下面附加刚才新建的两个 CSS 文件，如图 1-12 所示，最后单击最下面的"创建"按钮将其保存即可。

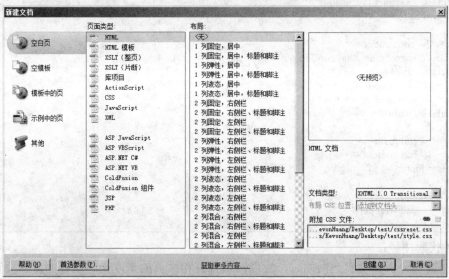

图 1-12　创建并配置 HTML 文件

操作二：编写 index.html。

1）打开刚创建的 HTML 文件就可以开始编写网页的内容了。首先来编写网页的布局结构，如图 1-13 所示，编写结构的时候需要注意在标签结尾处添加注释，方便以后查找和维护。

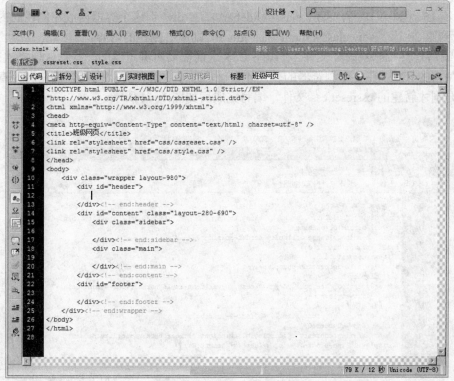

图 1-13　班级网站首页结构

如上图所示，在第 9 行输入以下代码：

```
9    <body>
10   <div class="wrapper layout-980">
11   <div id="header">
12
13   </div> <!-- end:header -->
14   <div id="content" class="layout-280-690">
15   <div class="sidebar">
16
17   </div> <!-- end:sidebar -->
18   <div class="main">
19
20   </div><!-- end:main -->
21   </div><!-- end:content -->
22   <div id="footer">
23
24   </div><!-- end:footer -->
25   </div><!-- end:wrapper -->
26   </body>
```

上述代码注释：

① 在最初分析教学实例网站时，发现网站首页和次页的宽度是不一样的，首页宽为 980 像素，而次页则宽为 1000 像素，所以在第 10 行 "<div class="wrapper layout-980">" 中加入了 layout-980 这个样式名，用来区分首页和次页的页面。

同理，第 14 行 "<div id="content" class="layout-280-690">" 中的 layout-280-690 样式名跟上面所说的作用是一样的，用来区分每个页面的左右栏的宽度，其中 280 表示左栏的宽度为 280 像素，690 表示右栏的宽度为 690 像素。

② 第 15 行到第 17 行 "<div class="sidebar">…</div>" 这个容器内放左侧栏的内容，而第 18 行到第 20 行 "<div class="main">…</div>" 则放右侧栏的内容。

2）编写首页 cssreset.css 文件。在编写 CSS 之前需要对浏览器的一些默认样式进行清除，这样所编写的 CSS 在各个浏览器的差异才会确保最小，这部分代码内容可在网上查找和下载，打开刚才新建的 cssreset.css 文件，编写完成后如图 1-14 所示。

图 1-14　首页 cssreset.css 的编写

如上图所示，在第 1 行输入以下代码：

```
1   @charset "utf-8";
2   /* 本文档主要是起到清除所有浏览器默认样式的作用 */
3   body,div,dl,dt,dd,ul,ol,li,h1,h2,h3,h4,h5,h6,pre,form,fieldset,input,textarea,p,blockquote,
    th,td{ margin:0; padding:0;}
4   table{ border-collapse:collapse; border-spacing:0;}
5   fieldset,img{ border:0;}
6   a{ text-decoration:none; color:#000;}
7   a:hover{ text-decoration:underline;}
8   img{ display:block;}
9   address,caption,cite,code,dfn,em,strong,th,var{font-style:normal;font-weight:bold;}
10  ol,ul{ list-style:none;}
11  legend{ display:none;}
12  h1,h2,h3,h4,h5,h6{ font-size:100%; font-weight:bold;}
13  abbr,acronym{ border:0;}
14  .clearfix:after{content:".";display:block;height:0;clear:both;visibility:hidden;}.clearfix
    { display:inline-block;}* html .clearfix{ height:1%;}
```

3）编写 style.css 文件。打开刚才新建的 style.css 样式文件，输入如图 1-15 所示的代码。

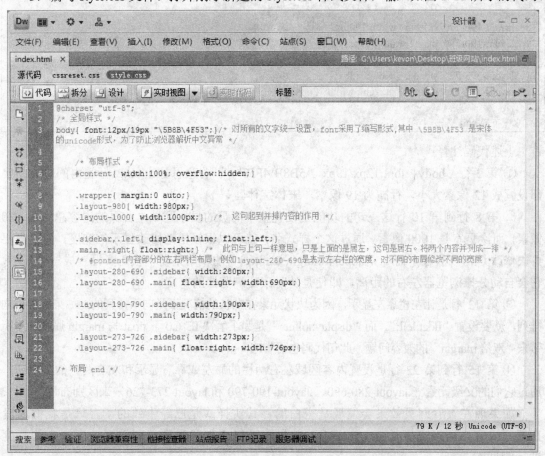

图 1-15 style.css 的编写

如上图所示，在第 1 行输入以下代码：

```
1   @charset "utf-8";
2   /* 全局样式 */
```

```
3    body{ font:12px/19px "\5B8B\4F53";}/* 对所有的文字统一设置,font 采用了缩写形式,其中\5B8B\4F53
     是宋体的 unicode 形式,为了防止浏览器解析中文异常 */
4
5    /* 布局样式 */
6    #content{ width:100%; overflow:hidden;}
7
8    .wrapper{ margin:0 auto;}
9    .layout-980{ width:980px;}
10   .layout-1000{ width:1000px;}   /*  这句起到并排内容的作用 */
11
12   .sidebar,.left{ display:inline; float:left;}
13   .main,.right{ float:right;} /*  此句与上句一样意思,只是上面的是居左,这句是居右。将两个内容并列
     成一排 */
14   /* #content 内容部分的左右两栏布局,例如 layout-280-690 是表示左右栏的宽度,对不同的布局修改
     不同的宽度 */
15   .layout-280-690 .sidebar{ width:280px;}
16   .layout-280-690 .main{ float:right; width:690px;}
17
18   .layout-190-790 .sidebar{ width:190px;}
19   .layout-190-790 .main{ width:790px;}
20
21   .layout-273-726 .sidebar{ width:273px;}
22   .layout-273-726 .main{ float:right; width:726px;}
23
24   /* 布局 end */
```

上述代码注释:

① 第 3 行"body{ font:12px/19px "\5B8B\4F53";}"的意思是让 body 标签内的所有文字都设置成 12 像素大小,行高为 19 像素,宋体字体。

② 第 8 行到第 10 行这三句的功能是设置整个网页的显示区域,首页的内容总宽是 980 像素,而次页宽是 1000 像素。通过这个样式名,就可以很轻松地修改显示的宽度,而不需要再去修改 CSS 文件了。而".wrapper{ margin:0 auto;}"的作用是对块状元素设置成居中显示,它会自动分摊浏览器左右的距离,即使是随时改变浏览器的宽度。

③ 第 12 行是让左栏靠左显示,因为块状元素在默认的情况下是向下排列的,如果需要横向排列,就要设置"float:left;"。而"display:inline;"是为了解决 IE 6.0 下 float 与 margin 属性连用所带来"双倍 margin"的兼容问题,此句代码也可省略。

④ 第 15 行到第 22 行是设置内容区域左右两栏的靠左或靠右显示和左右两栏的宽度的。通过它们的父级元素(.layout-280-690、.layout-190-790 和.layout-273-726)来区别布局。

如果现在查看网页效果会发现是空白的,其实样式是已经生效的了,只是我们还没正式写内容,所以高度是 0。如果想看效果,可以添加背景颜色和设置一个固定的高度进行测试。

4)编写首页头部和底部区域。根据最初对网站页面设计图的分析,头部的图片、导航、次页左栏的菜单和底部的版权都属于公用样式,应该先做好这些内容。首先编写好头部和底部的样式,HTML 代码如图 1-16 所示,由于代码太长,因此将部分代码隐藏了起来。

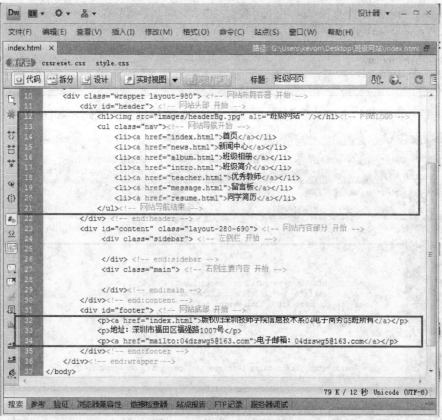

图 1-16　首页 HTML 文件

如上图所示，分别在第 12 行和第 32 行输入以下代码：

```
9   <body>
10  <div class="wrapper layout-980"> <!-- 网站布局容器 开始 -->
11  <div id="header"> <!-- 网站头部 开始 -->
12  <h1><img src="images/headerBg.jpg" alt="班级网站" /></h1><!-- 网站 LOGO -->
13  <ul class="nav"><!-- 网站导航开始 -->
14  <li><a href="index.html">首页</a></li>
15  <li><a href="news.html">新闻中心</a></li>
16  <li><a href="album.html">班级相册</a></li>
17  <li><a href="intro.html">班级简介</a></li>
18  <li><a href="teacher.html">优秀教师</a></li>
19  <li><a href="message.html">留言板</a></li>
20  <li><a href="resume.html">同学简历</a></li>
21  </ul><!-- 网站导航结束 -->
22  </div><!-- end:header -->
23  <div id="content" class="layout-280-690"><!-- 网站内容部分 开始 -->
24  <div class="sidebar"> <!-- 左侧栏 开始 -->
25
26  </div><!-- end: sidebar -->
27  <div class="main"> <!--右侧主要内容 开始 -->
28
29  </div><!-- end: main -->
30  </div><!-- end: content -->
31  <div id="footer"> <!-- 网站底部 开始 -->
```

```
32  <p><a href="index.html">版权归深圳技师学院信息技术系 04 电子商务 G5 班所有</a></p>
33  <p>地址：深圳市福田区福强路 1007 号</p>
34  <p><a href="mailto:04dzswg5@163.com">电子邮箱：04dzswg5@163.com</a></p>
35  </div><!-- end:footer -->
36  </div><!-- end:wrapper -->
37  </body>
```

5）先写首页头部和底部的公用样式，在 style.css 的结尾加入代码，如图 1-17 所示。

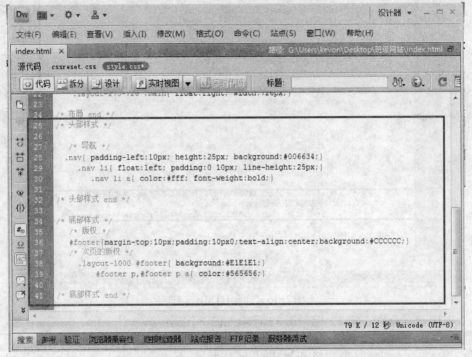

图 1-17　头部和底部的公用样式

如上图所示，在第 25 行输入以下代码：

```
25  /* 头部样式 */
26
27  /* 导航 */
28  .nav{ padding-left:10px; height:25px; background:#006634;}
29  .nav li{ float:left; padding:0 10px; line-height:25px;}
30  .nav li a{ color:#fff; font-weight:bold;}
31
32  /* 头部样式 end */
33
34  /* 底部样式 */
35  /* 版权 */
36  #footer{margin-top:10px;padding:10px 0;text-align:center;background:#CCC        CCC;}
37  /* 次页的版权 */
38  .layout-1000 #footer{ background:#E1E1E1;}
39  #footer p,#footer p a{ color:#565656;}
40
41  /* 底部样式 end */
```

完成后所看到的效果如图 1-18 所示。

图 1-18　首页头部和底部浏览效果

6）编写首页左栏的 HTML 文件。在 index.html 中的 "<div class="sidebar">...</div>" 标签内插入代码，如图 1-19 所示。

图 1-19　首页左栏的 HTML 代码

如上图所示，在第 24 行输入以下代码：

```
24  <div class="sidebar">
25  <div class="note">
26
27  <h2 class="title">公告栏</h2>
28  <div class="content">
29  人生吧，0 岁出场，10 岁快乐成长；20 岁为情彷徨；30 岁基本定向；40 岁拼命打闯；50 岁回头望望；
    60 岁告老还乡；70 岁搓搓麻将；80 岁晒晒太阳；90 岁躺在床上；100 岁挂在墙上
30  </div>
31  </div><!-- end:note -->
```

```
32
33  <div class="intro">
34  <h2 class="tit">班级简介</h2>
35  <div class="content">04 电子商务 G5 班是一个团结向上的好班级，在学校学习五年来，全班同学一直
    严格遵守学校的各项规章制度，在每个月的班级竞赛评比中班级排名总是名列前茅，在各个季节的运
    动会、技能节上每个同学踊跃参加各项运动项目及专业技能的竞赛，并取得优异成绩...</div>
36  </div><!-- end:intro -->
37
38  <div class="dataStat">
39  <h2 class="tit">数据统计</h2>
40  <ul class="list">
41  <li>成员总数：36 人</li>
42  <li>新闻总数：3 条</li>
43  <li>照片总数：6 张</li>
44  </ul>
45  </div><!-- end:dataStat -->
46
47  </div><!-- end:sidebar -->
```

因为首页设计图的侧栏标题都是用同一个背景和字体的，所以在上图中的标题都设置成相同的，称为公用样式。

7）打开 style.css 文件，在结尾插入代码，如图 1-20 所示。

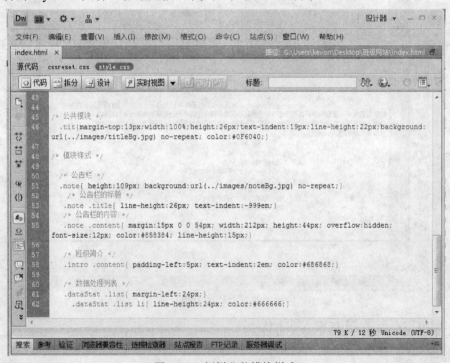

图 1-20　侧栏公共模块样式

如上图所示，在第 45 行输入以下代码：

```
45  /*  公共模块  */
46  .tit{margin-top:13px;width:100%;height:26px;text-indent:19px;line-height:22px;background:url(../images/tit
    leBg.jpg) no-repeat; color:#0F6040;}
47
```

```
48   /* 模块样式 */
49
50   /* 公告栏 */
51   .note{ height:109px; background:url(../images/noteBg.jpg) no-repeat;}
52   /* 公告栏的标题 */
53   .note .title{ line-height:26px; text-indent:-999em;}
54   /* 公告栏的内容 */
55   .note.content{ margin:15px 0 0 54px; width:212px; height:44px; overflow:hidden; font-size:12px;
     color:#858384; line-height:15px;}
56
57   /* 班级简介 */
58   .intro .content{ padding-left:5px; text-indent:2em; color:#686868;}
59
60   /* 数据处理列表 */
61   .dataStat .list{ margin-left:24px;}
62   .dataStat .list li{ line-height:24px; color:#666666;}
```

上述代码注释：

① 第 46 行是侧栏的标题，因为样式都是一样的，所以把它当成公共模块来编写。

② 第 51 行到第 62 行是侧栏 3 个模块的样式。

③ 第 53 行中代码"text-indent:-999em;"表示将文字向左移动 999 个字的宽度，目的是隐藏文字，因为设计图中的公告栏的标题文字的字体无法实现，因此使用背景图片代替。有些人会问为什么要写标题文字呢？直接为空不就好了吗？直接为空的话会对 SEO（Search Engine Optimization，搜索引擎优化）不友好，因此还需要保留。

8）编写首页右侧的 HTML 文件。在 index.html 中的 "<div class="main">...</div>" 标签内插入代码，如图 1-21 所示。

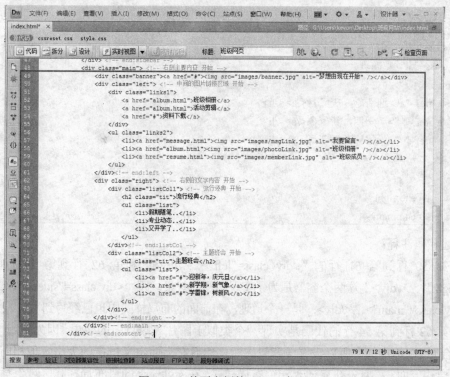

图 1-21　首页右侧的 HTML 代码

如上图所示，在第 48 行输入以下代码：

```
48  <div class="main"> <!-- 右侧主要内容 开始 -->
49  <div class="banner"><a href="#"><img src="images/banner.jpg" alt="梦想由现在开始" /></a></div>
50  <div class="left"> <!-- 中间的图片链接区域 开始 -->
51  <div class="links1">
52  <a href="album.html">班级相册</a>
53  <a href="album.html">活动剪辑</a>
54  <a href="#">资料下载</a>
55  </div>
56  <ul class="links2">
57  <li><a href="message.html"><img src="images/msgLink.jpg" alt="我要留言" /></a></li>
58  <li><a href="album.html"><img src="images/photoLink.jpg" alt="班级相册" /></a></li>
59  <li><a href="resume.html"><img src="images/memberLink.jpg" alt="班级成员" /></a></li>
60  </ul>
61  </div><!-- end:left -->
62  <div class="right"> <!-- 右侧的文字内容 开始 -->
63  <div class="listCol1"> <!-- 流行经典 开始 -->
64  <h2 class="tit">流行经典</h2>
65  <ul class="list">
66  <li>假期随笔..</li>
67  <li>专业动态..</li>
68  <li>又开学了..</li>
69  </ul>
70  </div><!-- end:listCol -->
71  <div class="listCol2"> <!-- 主题班会 开始 -->
72  <h2 class="tit">主题班会</h2>
73  <ul class="list">
74  <li><a href="#">迎新年，庆元旦</a></li>
75  <li><a href="#">新学期，新气象</a></li>
76  <li><a href="#">学雷锋，树新风</a></li>
77  </ul>
78  </div>
79  </div><!-- end:right -->
80  </div><!-- end:main -->
```

上述代码注释：

① 第 50 行到第 61 行的 "<div class="left">...</div>" 和第 62 行到第 79 行的 "<div class="right">...</div>" 这两个容器是为了实现两栏的效果，跟 "<div class="sidebar">...</div>" 和 "<div class="main">...</div>" 是一个道理，在前面的布局样式中也已经写到了。

② 第 52 行到第 54 行的代码是实现一个类似于图片"热点"的效果，因为使用"热点"是不符合 W3C 标准的，所以设置成背景图片，然后在上面定义链接的大小实现相同的效果。

9）样式方面，需要先补充插入一个布局样式。在 style.css 的"布局样式区域"插入代码，

内容型班级网站前端开发

如图 1-22 所示。

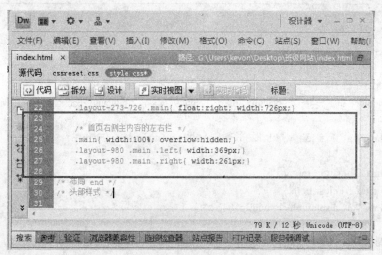

图 1-22 首页右侧主内容的左右栏样式

如上图所示，在第 23 行输入以下代码：

```
23
24  /* 首页右侧主内容的左右栏 */
25  .main{ width:100%; overflow:hidden;}
26  .layout-980 .main .left{ width:369px;}
27  .layout-980 .main .right{ width:261px;}
28
```

代码编写到这里，首页基本已经成型了，再对左边的图片导航和右边的一些字体排版做一些优化，在 style.css 文件的最后插入代码，如图 1-23 所示。

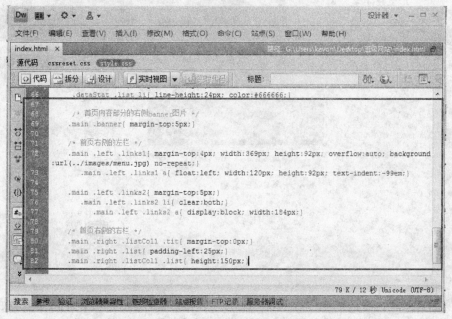

图 1-23 首页内容部分的右侧 banner 图片样式

如上图所示，在第 68 行输入以下代码：

```
67
68   /* 首页内容部分的右侧 banner 图片 */
69   .main .banner{ margin-top:5px;}
70
71   /* 首页右侧的左栏 */
72   .main .left .links1{ margin-top:4px; width:369px; height:92px; overflow:auto; background:url(../images/menu.jpg)
     no-repeat;}
73   .main .left .links1 a{ float:left; width:120px; height:92px; text-indent:-99em;}
74
75   .main .left .links2{ margin-top:5px;}
76   .main .left .links2 li{ clear:both;}
77   .main .left .links2 a{ display:block; width:184px;}
78
79   /* 首页右侧的右栏 */
80   .main .right .listCol1 .tit{ margin-top:0px;}
81   .main .right .list{ padding-left:25px;}
82   .main .right .listCol1 .list{ height:150px;}
```

到此，可以看到首页的效果，如图 1-24 所示。

图 1-24   首页浏览效果

步骤二　完善各组班级网站首页的内容

此步骤中各组同学要完成的操作如下：

操作一：根据实例网站首页布局分析，头部内容包括 logo、banner 及导航菜单，各组同学要用在课前资料收集与准备中设计完成的本班 logo 及 banner 替换实例网站的 logo 及 banner。打开首页的代码视图，将头部代码中的 logo 及 banner 图像文件替换为各组同学设计的 logo 及 banner 图像文件。

操作二：将实例网站首页布局内容部分左栏中"班级简介"和"数据统计"两部分中的实例班级的信息内容替换成各组同学现在班级的实际信息。

操作三：将实例网站首页布局底部中的"班级名称"和"班级邮箱地址"替换成现在班级的实际信息。

各组同学完成上述操作的同时，一定要注意网页主辅色彩的协调统一。以上操作完成后，各组同学就完成了本组班级网站首页的设计。

 任务评价

　　根据任务描述、任务分析及任务实施 3 个步骤，各组同学完成了班级网站首页制作的任务。根据下列任务考核评价表的标准，进行任务评价。

任务考核评价表

序　号	考核内容		考核标准		配　分	得　分
1	职业素养（40%）	诚信	按时上交任务准备、实施及总结页的作业		10	
2		规范	文件命名合理		5	
3			项目文件夹结构合理		5	
4			任务工作页内容完整，页面整洁		5	
5		团结协作（组长评价）	服从组长安排，主动参与任务开发		10	
6			按时并保质保量完成分工工作		5	
7	工作质量（60%）	制作首页	内容完整，结构合理	网页对象内容按要求设置完整 页面的布局结构使用 DIV+CSS，实现了高效的页面布局	20	
8			功能实现	界面操作功能按要求正常实现	10	
9			设计质量	网页对象整体页面色彩搭配和谐，字体大小适中，结构清晰明了，体现一定的网页美工的水平，符合设计要求	15	
10			标记规范	HTML 标记使用规范，HTML 代码可读性强，通过查看 HTML 代码就能对网页的结构一目了然	15	
合计					100	

26

任务三 制作次页

➡ **任务说明**

此任务包括6个子任务，即制作"新闻中心"、"班级相册"、"班级简介"、"优秀教师"、"留言板"和"同学简历"6个次页面。

子任务一 制作"新闻中心"页面

任务描述

"新闻中心"页面是用来记录学校或班级最新动态的页面，因此作为任务三中的第1个子任务来进行设计。本任务还是以"毕业班"班级网站为实例，完成本班级网站"新闻中心"页面的布局设计和制作。

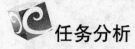

任务分析

次页设计的步骤是：网站的主要导航结构页面，讲究风格的一致性，并与首页呼应，各栏目内部主要内容的介绍都可以在次页中体现，让浏览者能够迅速了解网站各栏目的主要内容，择其需要而浏览。以"毕业班"班级网站次页"新闻中心"页面设计分析为例，该页面结构分析如图1-25所示。

图1-25 "新闻中心"网页结构分析

可以看到该页面布局分为头部、内容部分和底部。下面就开始"新闻中心"页面的HTML

网页结构文件和 CSS 样式文件的创建。

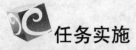 **任务实施**

步骤一 创建"新闻中心"页面 HTML 文件

此步骤中各组同学要完成的操作如下：编写 news.html，此文件对应的效果图是"班级网站-新闻中心.jpg"。

1）首先将 album.html 文件另存为 news.html，再打开 news.html 文件，将左右两栏的内容清空并将第 24 行"<div id="content" class="layout-273-726" >"修改成"<div id="content" class="layout-240-220-450">"，代码如图 1-26 所示。

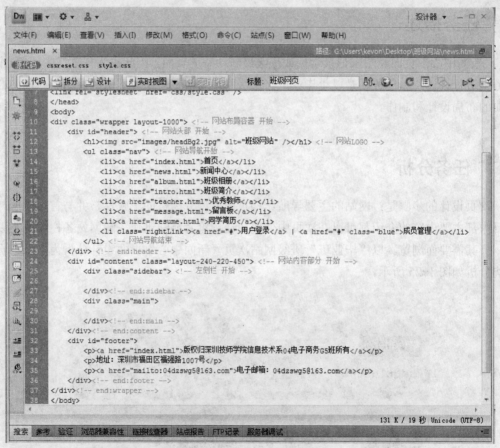

图 1-26 "新闻中心" HTML 文件

如上图所示，在第 9 行输入以下代码：

```
9   <body>
10  <div class="wrapper layout-1000"> <!-- 网站布局容器 开始 -->
11  <div id="header"> <!-- 网站头部 开始 -->
12  <h1><img src="images/headBg2.jpg" alt="班级网站" /></h1> <!-- 网站 LOGO -->
13  <ul class="nav"> <!-- 网站导航开始 -->
```

```
14  <li><a href="index.html">首页</a></li>
15  <li><a href="news.html">新闻中心</a></li>
16  <li><a href="album.html">班级相册</a></li>
17  <li><a href="intro.html">班级简介</a></li>
18  <li><a href="teacher.html">优秀教师</a></li>
19  <li><a href="message.html">留言板</a></li>
20  <li><a href="resume.html">同学简历</a></li>
21  <li class="rightLink"><a href="#">用户登录</a> | <a href="#" class="blue">成员管理</a></li>
22  </ul> <!-- 网站导航结束 -->
23  </div> <!-- end:header -->
24  <div id="content" class="layout-240-220-450"> <!-- 网站内容部分 开始 -->
25  <div class="sidebar"> <!-- 左侧栏 开始 -->
26
27  </div><!-- end:sidebar -->
28  <div class="main">
29
30  </div><!-- end:main -->
31  </div><!-- end:content -->
32  <div id="footer">
33  <p><a href="index.html">版权归深圳技师学院信息技术系 04 电子商务 G5 班所有</a></p>
34  <p>地址：深圳市福田区福强路 1007 号</p>
35  <p><a href="mailto:04dzswg5@163.com">电子邮箱：04dzswg5@163.com</a></p>
36  </div><!-- end:footer -->
37  </div><!-- end:wrapper -->
38  </body>
```

2）这个页面跟相册列表的页面一样，左侧的图片都需要更改，如图 1-27 所示。

图 1-27 "新闻中心"左栏 HTML 代码

如上图所示，在第 25 行输入以下代码：

```
25  <div class="sidebar"> <!-- 左侧栏 开始 -->
26  <div class="leftMenu"> <!-- 左侧菜单 开始 -->
27  <a href="message.html"><img src="images/links1.jpg" width="234" height="70" alt="我要留言" /></a>
28  <a href="album.html"><img src="images/links2.jpg" width="234" height="70" alt="班级相册" /></a>
29  <a href="resume.html"><img src="images/links3.jpg" width="234" height="70" alt="班级成员" /></a>
30  </div> <!-- end:leftMenu -->
31  </div> <!-- end:sidebar -->
```

3）而右栏的新闻列表和学校景观图可以分成左右两栏来编写。在"<div class="main">…</div>"区域内输入代码，如图 1-28 所示。

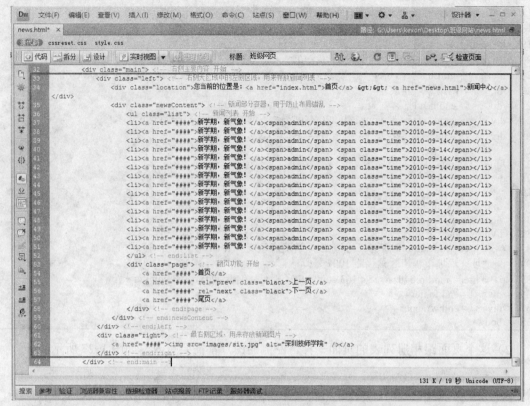

图 1-28 "新闻中心"右栏 HTML 代码

如上图所示，在第 32 行输入以下代码：

```
32  <div class="main"> <!-- 右侧主要内容 开始 -->
33  <div class="left"> <!-- 右侧大区域中的左侧区域，用来存放新闻列表 -->
34  <div class="location">您当前的位置是： <a href="index.html">首页</a>   &gt;&gt;   <a href="news.html">新闻中心</a></div>
35  <div class="newsContent"> <!-- 新闻部分容器，用于防止布局错乱 -->
36  <ul class="list"> <!-- 新闻列表 开始 -->
37  <li><a href="####">新学期，新气象！</a><span>admin</span> <span class="time">2010-09-14</span></li>
38  <li><a href="####">新学期，新气象！</a><span>admin</span> <span class="time">2010-09-14</span></li>
39  <li><a href="####">新学期，新气象！</a><span>admin</span> <span class="time">2010-09-14</span></li>
40  <li><a href="####">新学期，新气象！</a><span>admin</span> <span class="time">2010-09-14</span></li>
41  <li><a href="####">新学期，新气象！</a><span>admin</span> <span class="time">2010-09-14</span></li>
42  <li><a href="####">新学期，新气象！</a><span>admin</span> <span class="time">2010-09-14</span></li>
43  <li><a href="####">新学期，新气象！</a><span>admin</span> <span class="time">2010-09-14</span></li>
```

```
44  <li><a href="####">新学期，新气象！</a><span>admin</span> <span class="time">2010-09-14</
    span></li>
45  <li><a href="####">新学期，新气象！</a><span>admin</span> <span class="time">2010-09-14</
    span></li>
46  <li><a href="####">新学期，新气象！</a><span>admin</span> <span class="time">2010-09-14</
    span></li>
47  <li><a href="####">新学期，新气象！</a><span>admin</span> <span class="time">2010-09-14</
    span></li>
48  <li><a href="####">新学期，新气象！</a><span>admin</span> <span class="time">2010-09-14</
    span></li>
49  <li><a href="####">新学期，新气象！</a><span>admin</span> <span class="time">2010-09-14</
    span></li>
50  <li><a href="####">新学期，新气象！</a><span>admin</span> <span class="time">2010-09-14</
    span></li>
51  <li><a href="####">新学期，新气象！</a><span>admin</span> <span class="time">2010-09-14</
    span></li>
52  </ul> <!-- end:list -->
53  <div class="page"> <!-- 翻页功能 开始 -->
54  <a href="####">首页</a>
55  <a href="####" rel="prev" class="black">上一页</a>
56  <a href="####" rel="next" class="black">下一页</a>
57  <a href="####">尾页</a>
58  </div> <!-- end:page -->
59  </div> <!-- end:newsContent -->
60  </div> <!-- end:left -->
61  <div class="right"> <!-- 最右侧区域，用来存放新闻图片 -->
62  <a href="####"><img src="images/sit.jpg" alt="深圳技师学院" /></a>
63  </div> <!-- end:right -->
64  </div> <!-- end:main -->
```

4）结构写完后，开始编写样式。首先写一些布局的补充样式，打开 style.css 文件，在开头的布局样式区域中插入样式，如图 1-29 所示。

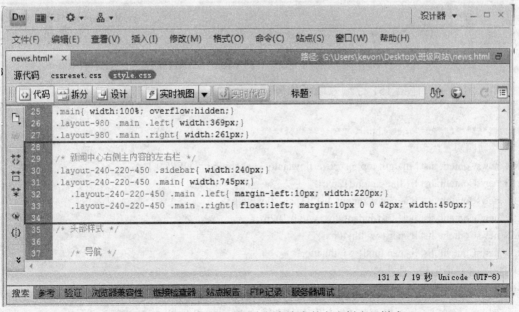

图 1-29　"新闻中心"页面右侧主内容的左右栏布局样式

如上图所示，在第 28 行输入以下代码：

```
28
29 /* 新闻中心右侧主内容的左右栏 */
30 .layout-240-220-450 .sidebar{ width:240px;}
31 .layout-240-220-450 .main{ width:745px;}
32 .layout-240-220-450 .main .left{ margin-left:10px; width:220px;}
33 .layout-240-220-450 .main .right{ float:left; margin:10px 0 0 42px; width:450px;}
34
```

5）插入新闻列表和右边景观图的对应样式，打开 style.css 文件，在最后插入代码，如图 1-30 所示。

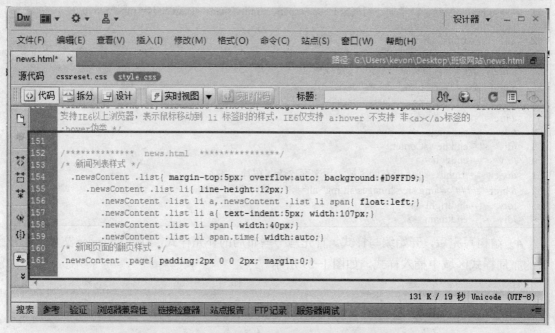

图 1-30 "新闻中心"右侧主内容的左右栏样式

如上图所示，在第 151 行输入以下代码：

```
151
152 /************** news.html ****************/
153 /* 新闻列表样式 */
154 .newsContent .list{ margin-top:5px; overflow:auto; background:#D9FFD9;}
155 .newsContent .list li{ line-height:12px;}
156 .newsContent .list li a,.newsContent .list li span{ float:left;}
157 .newsContent .list li a{ text-indent:5px; width:107px;}
158 .newsContent .list li span{ width:40px;}
159 .newsContent .list li span.time{ width:auto;}
160 /* 新闻页面的翻页样式 */
161 .newsContent .page{ padding:2px 0 0 2px; margin:0;}
```

到此，"新闻中心"页面已经设计完成了，整体效果如图 1-31 所示。

步骤二 完善本班级网站次页"新闻中心"的内容

此步骤中各组同学要完成的操作如下：

操作一： 与网站首页操作相同，各组同学要用在课前提前设计完成的本班级 logo 及 banner 替换实例网站的 logo 及 banner。打开"新闻中心"次页的代码视图，将头部代码中的 logo 及 banner 图像文件替换为各组同学个人设计的 logo 及 banner 图像文件。将布局底部代码中的"班级名称"和"班级邮箱地址"替换成现在班级的实际信息。

操作二： 依次将实例网站"新闻中心"次页布局内容部分右栏中重复的新闻标题替换成班级及校内发布的最新通知。

各组同学完成上述操作的同时，一定要注意网页主辅色彩的协调统一。以上操作完成后，各组同学就完整地进行了本班级网站"新闻中心"次页的设计。

图 1-31 "新闻中心"浏览效果

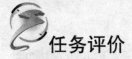 任务评价

根据任务描述、任务分析及任务实施 3 个步骤，各组同学完成了班级网站"新闻中心"页面制作的任务。根据下列任务考核评价表的标准，进行任务评价。

任务考核评价表

序　号	考核内容		考　核　标　准		配　分	得　分
1	职业素养（40%）	诚信	按时上交任务准备、实施及总结页的作业		5	
2		规范	文件命名合理		5	
3			项目文件夹结构合理		5	
4			任务工作页内容完整，页面整洁		5	
5		团结协作（组长评价）	服从组长安排，主动参与任务开发		10	
6			按时并保质保量完成分工工作		5	
7			完成项目设计规定的次页数量		5	
8	工作质量（60%）	制作次页	内容完整，结构合理	网页对象内容按要求设置完整 页面的布局结构使用 DIV+CSS，实现了高效的页面布局	20	
9			功能实现	界面操作功能按要求正常实现	10	
10			设计质量	网页对象整体页面色彩搭配和谐，字体大小适中，结构清晰明了，体现一定的网页美工的水平，符合主题设计要求	15	
11			标记规范	HTML 标记使用规范，HTML 代码可读性强，通过查看 HTML 代码就能对网页的结构一目了然	15	
合计					100	

子任务二　制作"班级相册"页面

任务描述

　　"班级相册"页面是用来提供班级各位同学个人照片及班级各项活动，包括校内和校外活动留念的精彩照片集合的页面，因此作为任务三中的第2个子任务来进行设计。本任务还是以"毕业班"班级网站为实例，完成各组班级网站"班级相册"页面的布局设计和制作。

任务分析

　　次页设计的步骤是：网站的主要导航结构页面，讲究风格的一致性，并与首页呼应，各栏目内部主要内容的介绍都可以在次页中体现，让浏览者能够迅速了解网站各栏目的主要内容，择其需要而浏览。从"毕业班"班级网站次页"班级相册"页面设计分析为例，该页面结构分析如图 1-32 所示。

图 1-32　"班级相册"网页结构分析

　　可以看到该页面布局与"班级简介"、"留言板"、"优秀教师"、"同学简历"页面一样分为头部、内容部分和底部。下面就开始"班级相册"页面的 HTML 网页结构文件和 CSS 样式文件的创建。

任务实施

 创建"班级相册"页面 HTML 文件

此步骤中各组同学要完成的操作如下：编写 album.html，此文件对应的效果图是"班级

网站-班级相册.jpg"。

1）首先将 resume.html 文件另存为 album.html，再打开 album.html 文件，将左右两栏的内容清空并将第 24 行"<div id="content" class="layout-190-790">"修改成"<div id="content" class="layout-273-726">"，如图 1-33 所示。

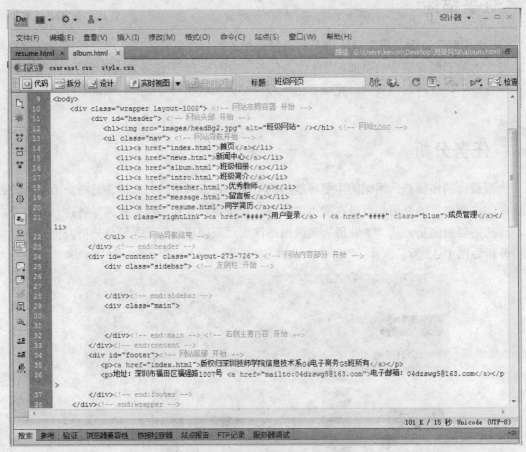

图 1-33 "班级相册"HTML 文件

如上图所示，在第 9 行输入以下代码：

```
9   <body>
10  <div class="wrapper layout-1000"> <!-- 网站布局容器 开始 -->
11  <div id="header"> <!-- 网站头部 开始 -->
12  <h1><img src="images/headBg2.jpg" alt="班级网站" /></h1> <!-- 网站 LOGO -->
13  <ul class="nav"> <!-- 网站导航开始 -->
14  <li><a href="index.html">首页</a></li>
15  <li><a href="news.html">新闻中心</a></li>
16  <li><a href="album.html">班级相册</a></li>
17  <li><a href="intro.html">班级简介</a></li>
18  <li><a href="teacher.html">优秀教师</a></li>
19  <li><a href="message.html">留言板</a></li>
20  <li><a href="resume.html">同学简历</a></li>
21  <li class="rightLink"><a href="####">用户登录</a>  |  <a href="####"  class="blue">成员管理</a></li>
22  </ul> <!-- 网站导航结束 -->
```

```
23  </div> <!-- end:header -->
24  <div id="content" class="layout-273-726"> <!-- 网站内容部分 开始 -->
25  <div class="sidebar"> <!-- 左侧栏 开始 -->
26
27
28  </div><!-- end:sidebar -->
29  <div class="main">
30
31
32  </div><!-- end:main --> <!-- 右侧主要内容 开始 -->
33  </div><!-- end:content -->
34  <div id="footer"><!-- 网站底部 开始 -->
35  <p><a href="index.html">版权归深圳技师学院信息技术系 04 电子商务 G5 班所有</a></p>
36  <p>地址：深圳市福田区福强路 1007 号 <a href="mailto:04dzswg5@163.com">电子邮箱：
    04dzswg5@163.com</a></p>
37  </div><!-- end:footer -->
38  </div><!-- end:wrapper -->
39  </body>
```

2）相册页面比较特殊，左边的菜单项的图片比较大。所以需要更换菜单项的图片。而右边的相册其实是由 3 列相册列表组成的，每列又由 3 个单项组成，但是由于代码太多，就先隐藏了每列的其中两项。代码如图 1-34 所示。

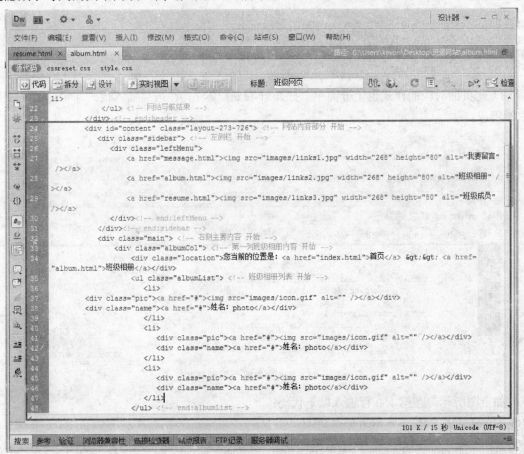

图 1-34 "班级相册"完整的 HTML 文件

如上图所示，在第 24 行输入以下代码：

```
24 <div id="content" class="layout-273-726"> <!-- 网站内容部分 开始 -->
25 <div class="sidebar"> <!-- 左侧栏 开始 -->
26 <div class="leftMenu">
27 <a href="message.html"><img src="images/links1.jpg" width="268" height="80" alt="我要留言" /></a>
28 <a href="album.html"><img src="images/links2.jpg" width="268" height="80" alt="班级相册" /></a>
29 <a href="resume.html"><img src="images/links3.jpg" width="268" height="80" alt="班级成员" /></a>
30 </div><!-- end:leftMenu -->
31 </div><!-- end:sidebar -->
32 <div class="main"> <!-- 右侧主要内容 开始 -->
33 <div class="albumCol"> <!-- 第一列班级相册内容 开始 -->
34 <div class="location">您当前的位置是：<a href="index.html">首页</a> &gt;&gt; <a href="album.html">班级
   相册</a></div>
35 <ul class="albumList"> <!-- 班级相册列表 开始 -->
36 <li>
37 <div class="pic"><a href="#"><img src="images/icon.gif" alt="" /></a></div>
38 <div class="name"><a href="#">姓名：photo</a></div>
39 </li>
40 <li>
41 <div class="pic"><a href="#"><img src="images/icon.gif" alt="" /></a></div>
42 <div class="name"><a href="#">姓名：photo</a></div>
43 </li>
44 <li>
45 <div class="pic"><a href="#"><img src="images/icon.gif" alt="" /></a></div>
46 <div class="name"><a href="#">姓名：photo</a></div>
47 </li>
48 </ul> <!-- end:albumList -->
```

3）此页面对应的样式也十分简单。打开 style.css 文件，在最后插入代码即可，代码如图 1-35 所示。

图 1-35 "班级相册"页面样式

如上图所示，在第 150 行输入以下代码：

```
150 /*************** album.html ***************/
151 /* 相册一列样式 */
152 .albumCol{ display:inline; float:left; margin-left:10px; width:220px;}
153 .albumCol .location{ padding-bottom:10px;}
```

```
154 /*  相册单元样式  */
155 .albumList li{ width:220px;}
156 .albumList li.hover,.albumList li:hover{ background:#D9FFD8; cursor:pointer;}
```

上述代码注释：

设计图中可以看到，其中有一项相册选项的背景颜色是浅绿色的，这是鼠标移动上去的效果。有些同学会联想到 a 标签的:hover 伪类，但是 a 标签实现这种效果在兼容性上面会存在问题，幸好在 CSS 2.1 版本中已经支持任何元素都有:hover 的伪类，因此加上 ".albumList li:hover{ background:# D9FFD8;}"（第 156 行）就可以实现动态的效果了。

最后，查看"班级相册"页面的整体效果，如图 1-36 所示。

图 1-36 "班级相册"页面的整体效果

步骤二 完善本班级网站次页"班级相册"的内容

此步骤中各组同学要完成的操作如下：

操作一： 与网站首页操作相同，各组同学要用在课前提前设计完成的本班级 logo 及 banner 替换实例网站的 logo 及 banner。打开"班级相册"次页的代码视图，将头部代码中的 logo 及 banner 图像文件替换为各组同学设计的 logo 及 banner 图像文件。将布局底部代码中的"班级名称"和"班级邮箱地址"替换成现在班级的实际信息。

操作二： 将实例网站"班级相册"次页布局内容部分右栏中照片替换成各组同学现在班级的实际活动的照片。

各组同学完成上述操作的同时，一定要注意网页主辅色彩的协调统一。以上操作完成后，各组同学就完整地进行了本班级网站"班级相册"次页的设计。

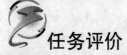

任务评价

　　根据任务描述、任务分析及任务实施 3 个步骤，各组同学已完成班级网站"班级相册"页面制作的任务。根据下列任务考核评价表的标准，进行任务评价。

任务考核评价表

序　号	考核内容		考核标准	配　分	得　分
1	职业素养 （40%）	诚信	按时上交任务准备、实施及总结页的作业	5	
2		规范	文件命名合理	5	
3			项目文件夹结构合理	5	
4			任务工作页内容完整，页面整洁	5	
5		团结协作 （组长评价）	服从组长安排，主动参与任务开发	10	
6			按时并保质保量完成分工工作	5	
7			完成项目设计规定的次页数量	5	
8	工作质量 （60%）	制作次页	内容完整， 结构合理	网页对象内容按要求设置完整 页面的布局结构使用 DIV+CSS，实现了高效的页面布局	20	
9			功能实现	界面操作功能按要求正常实现	10	
10			设计质量	网页对象整体页面色彩搭配和谐，字体大小适中，结构清晰明了，体现一定的网页美工的水平，符合主题设计要求	15	
11			标记规范	HTML 标记使用规范，HTML 代码可读性强，通过查看 HTML 代码就能对网页的结构一目了然	15	
合计				100	

子任务三　制作"班级简介"页面

 任务描述

　　"班级简介"页面是用来描述班级基本情况的页面，因此作为任务三中的第3个子任务来进行设计。本任务还是以"毕业班"班级网站为实例，各组完成班级网站"班级简介"页面的布局设计和制作。

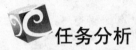 **任务分析**

　　次页设计的步骤是：网站的主要导航结构页面，讲究风格的一致性，并与首页呼应，各栏目内部主要内容的介绍都可以在次页中体现，让浏览者能够迅速了解网站各栏目的主要内容，择其需要而浏览。以"毕业班"班级网站次页"班级简介"页面设计分析为例，该页面结构分析如图 1-37 所示。

　　可以看出该页面布局分为头部、内容部分和底部。下面就开始"班级简介"页面的HTML网页结构文件和 CSS 样式文件的创建。

图 1-37　"班级简介"网页结构分析

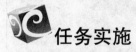 **任务实施**

　　步骤一　创建"班级简介"页面 HTML 文件

　　此步骤中各组同学要完成的操作如下：编写 intro.html，此文件对应的效果图是"班级网站-班级简介.jpg"。

　　1）首先把 index.html 另存为 intro.html，然后打开 intro.html，清除两边的内容，只保留头部和底部的内容，代码如图 1-38 所示。

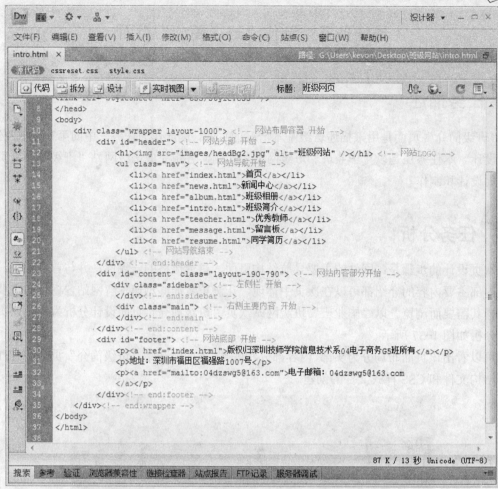

图 1-38 "班级简介"头部及底部 HTML 文件

如上图所示，在第 9 行输入以下代码：

```
9   <body>
10  <div class="wrapper layout-1000"> <!-- 网站布局容器 开始 -->
11  <div id="header"> <!-- 网站头部 开始 -->
12  <h1><img src="images/headBg2.jpg" alt="班级网站" /></h1> <!-- 网站 LOGO -->
13  <ul class="nav"> <!-- 网站导航开始 -->
14  <li><a href="index.html">首页</a></li>
15  <li><a href="news.html">新闻中心</a></li>
16  <li><a href="album.html">班级相册</a></li>
17  <li><a href="intro.html">班级简介</a></li>
18  <li><a href="teacher.html">优秀教师</a></li>
19  <li><a href="message.html">留言板</a></li>
20  <li><a href="resume.html">同学简历</a></li>
21  </ul> <!-- 网站导航结束 -->
22  </div> <!-- end:header -->
23  <div id="content" class="layout-190-790"> <!-- 网站内容部分开始 -->
24  <div class="sidebar"> <!-- 左侧栏 开始 -->
25  </div><!-- end:sidebar -->
26  <div class="main"> <!-- 右侧主要内容 开始 -->
27  </div><!-- end:main -->
```

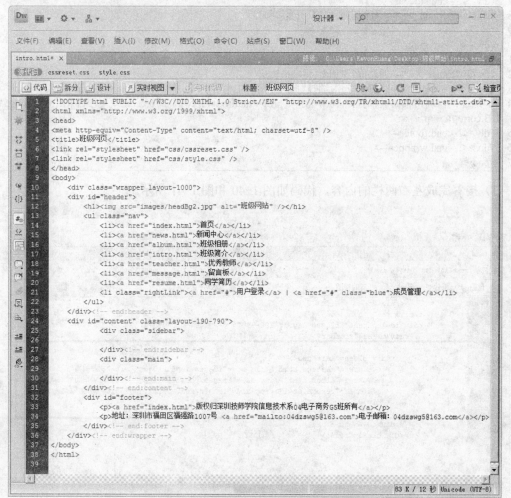

```
28  </div><!-- end:content -->
29  <div id="footer"> <!-- 网站底部 开始 -->
30  <p><a href="index.html">版权归深圳技师学院信息技术系 04 电子商务 G5 班所有</a></p>
31  <p>地址：深圳市福田区福强路 1007 号</p>
32  <p><a href="mailto:04dzswg5@163.com">电子邮箱：04dzswg5@163.com
33  </a></p>
34  </div><!-- end:footer -->
35  </div><!-- end:wrapper -->
36  </body>
```

2）然后依次按照以下内容修改，修改后如图 1-39 所示。

① 将第 10 行代码 "<div class="wrapper layout-980">" 修改为 "<div class="wrapper layout-1000">"，layout-1000 样式名表示本页面采用次页的布局形式布局。

② 将第 12 行的图片路径修改为 "images/headerBg.jpg"；

③ 在代码 "<ul class="nav">…</ul>" 的最后（第 21 行）插入代码；

④ 将第 23 行的样式名修改为 layout-190-790，目的是修改布局结构，使左右两栏的宽度发生变化。

⑤ 按照设计图的不同适当修改底部的版权信息内容。

图 1-39 "班级简介" 完整的 HTML 文件

如上图所示，在第 9 行输入以下代码：

```
9   <body>
10  <div class="wrapper layout-1000"> <!-- 网站布局容器 开始 -->
11  <div id="header"> <!-- 网站头部 开始 -->
12  <h1><img src="images/headBg2.jpg" alt="班级网站" /></h1> <!-- 网站 LOGO -->
13  <ul class="nav"> <!-- 网站导航开始 -->
14  <li><a href="index.html">首页</a></li>
15  <li><a href="news.html">新闻中心</a></li>
16  <li><a href="album.html">班级相册</a></li>
17  <li><a href="intro.html">班级简介</a></li>
18  <li><a href="teacher.html">优秀教师</a></li>
19  <li><a href="message.html">留言板</a></li>
20  <li><a href="resume.html">同学简历</a></li>
21  <li class="rightLink"><a href="#">用户登录</a> | <a href="#" class="blue">成员管理</a></li>
22  </ul><!-- 网站导航结束 -->
23  </div><!-- end:header -->
24  <div id="content" class="layout-190-790"><!-- 网站内容部分 开始 -->
25  <div class="sidebar"> <!-- 左侧栏 开始 -->
26
27  </div><!-- end:sidebar -->
28  <div class="main"> <!-- 右侧主要内容 开始 -->
29
30  </div><!-- end:main -->
31  </div><!-- end:content -->
32  <div id="footer"> <!-- 网站底部 开始 -->
33  <p><a href="index.html">版权归深圳技师学院信息技术系 04 电子商务 G5 班所有</a></p>
34  <p>地址：深圳市福田区福强路 1007 号 <a href="mailto:04dzswg5@163.com">电子邮箱：04dzswg5@
    163.com</a></p>
35  </div><!-- end:footer -->
36  </div><!-- end:wrapper -->
37  </body>
```

3）接着完成左右两栏的内容，代码如图 1-40 和图 1-41 所示。

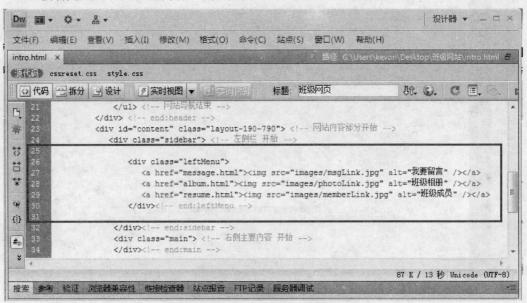

图 1-40 "班级简介" 左栏 HTML 代码

如上图所示，在第 25 行输入以下代码：

```
25
26 <div class="leftMenu">
27 <a href="message.html"><img src="images/msgLink.jpg" alt="我要留言" /></a>
28 <a href="album.html"><img src="images/photoLink.jpg" alt="班级相册" /></a>
29 <a href="resume.html"><img src="images/memberLink.jpg" alt="班级成员" /></a>
30 </div><!-- end:leftMenu -->
31
```

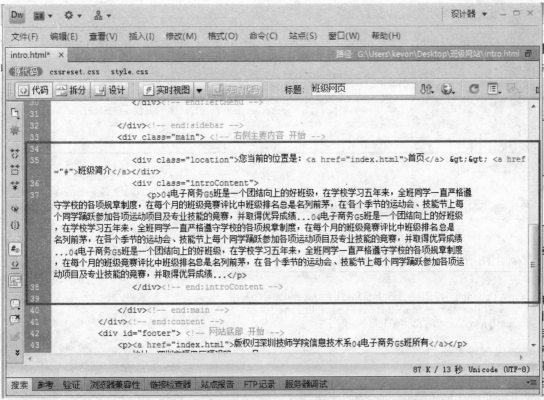

图 1-41 "班级简介"右栏 HTML 代码

如上图所示，在第 34 行输入以下代码：

```
34
35 <div class="location">您当前的位置是： <a href="index.html">首页</a> &gt;&gt; <a href="#">班级简介</a></div>
36 <div class="introContent">
37 <p>04 电子商务 G5 班是一个团结向上的好班级，在学校学习五年来，全班同学一直严格遵守学校的
   各项规章制度，在每个月的班级竞赛评比中班级排名总是名列前茅，在各个季节的运动会、技能节上
   每个同学踊跃参加各项运动项目及专业技能的竞赛，并取得优异成绩...04 电子商务 G5 班是一个团结
   向上的好班级，在学校学习五年来，全班同学一直严格遵守学校的各项规章制度，在每个月的班级竞
   赛评比中班级排名总是名列前茅，在各个季节的运动会、技能节上每个同学踊跃参加各项运动项目及
   专业技能的竞赛，并取得优异成绩...04 电子商务 G5 班是一个团结向上的好班级，在学校学习五年来，
   全班同学一直严格遵守学校的各项规章制度，在每个月的班级竞赛评比中班级排名总是名列前茅，在
   各个季节的运动会、技能节上每个同学踊跃参加各项运动项目及专业技能的竞赛，并取得优异成
   绩...</p>
38 </div><!-- end:introContent -->
39
```

4）HTML 完成后就可以编写样式了。打开 style.css 文件，先要对导航样式进行补充编写。在头部样式区域插入代码，如图 1-42 所示。

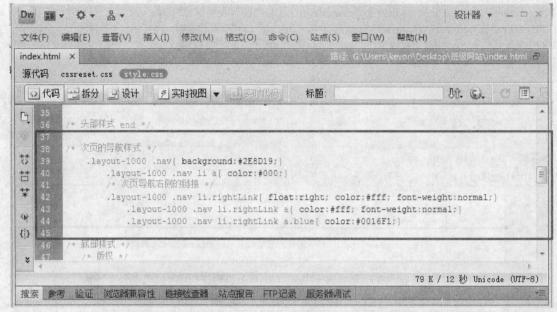

图 1-42 "次页导航样式"及"次页导航右侧链接"样式

如上图所示，在第 31 行输入以下代码：

```
31  /* 导航 */
32  .nav{ padding-left:10px; height:25px; background:#006634;}
33  .nav li{ float:left; padding:0 10px; line-height:25px;}
34  .nav li a{ color:#fff; font-weight:bold;}
35
36  /* 头部样式 end */
37
38  /* 次页的导航样式 */
39  .layout-1000 .nav{ background:#2E8D19;}
40  .layout-1000 .nav li a{ color:#000;}
41  /* 次页导航右侧的链接 */
42  .layout-1000 .nav li.rightLink{ float:right; color:#fff; font-weight:normal;}
43  .layout-1000 .nav li.rightLink a{ color:#fff; font-weight:normal;}
44  .layout-1000 .nav li.rightLink a.blue{ color:#0016F1;}
45
```

上述代码注释：

在这里第 39 行到第 44 行的.layout-1000 样式名起到了一个很重要的作用。当浏览器渲染代码的时候，首先会判断 HTML 文件中是否有"layout-1000"这个类选择符，假如有才执行后面的语句。因此，就可以达到用最少的代码做最多的事情的目的。

5）在次页中有两个地方的样式是多处出现的，第一个地方是左栏的图片菜单，第二个地方是右栏的"当前位置"。我们需要把这些地方对应的样式单独写在一个区域里面方便以后管理。在 style.css 文件中找到注释"/*公共模块 */"，然后在后面插入代码，如图 1-43 所示。

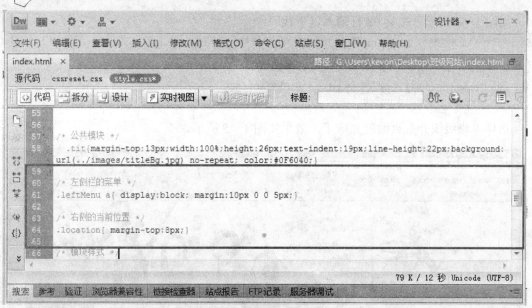

图1-43 "左侧栏的菜单"及"右侧的当前位置"样式

如上图所示，在第60行输入以下代码：

```
57  /* 公共模块 */
58  .tit{ margin-top:13px; width:100%; height:26px; text-indent:19px; line-height:22px; background:url
    (../images/titleBg.jpg) no- repeat; color:#0F6040;}
59
60  /* 左侧栏的菜单 */
61  .leftMenu a{ display:block; margin:10px 0 0 5px;}
62
63  /* 右侧的当前位置 */
64  .location{ margin-top:8px;}
65
```

6）剩下的工作就是对右栏的正文内容稍微调整一下。在 style.css 文件的最后插入代码，如图1-44所示。

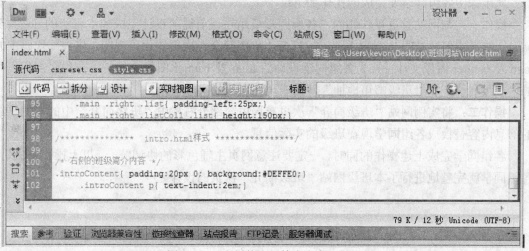

图1-44 "右侧的班级简介内容"样式

如图 1-44 所示，在第 98 行输入以下代码：

```
98  /************** intro.html 样式 **************/
99
100 /* 右侧的班级简介内容 */
101 .introContent{ padding:20px 0; background:#DEFFE0;}
102 .introContent p{ text-indent:2em;}
```

这样"班级简介"页面就完成了，效果如图 1-45 所示。

图 1-45　"班级简介"浏览效果

步骤二　完善本班级网站次页"班级简介"的内容

此步骤中各组同学要完成的操作如下：

操作一：与网站首页操作相同，各组同学要用在课前提前设计完成的本班级的 logo 及 banner 替换实例网站的 logo 及 banner。打开"班级简介"次页的代码视图，将头部代码中的 logo 及 banner 图像文件替换为各组同学设计的 logo 及 banner 图像文件。将布局底部代码中的"班级名称"和"班级邮箱地址"替换成现在班级的实际信息。

操作二：将实例网站"班级简介"次页布局内容部分右栏中"班级简介"中的实例班级的信息内容替换成各组同学现在班级的实际信息。

各组同学完成上述操作的同时，一定要注意网页主辅色彩的协调统一。以上操作完成后，各组同学就完整地进行了本班级网站"班级简介"次页的设计。

48

 任务评价

　　根据任务描述、任务分析及任务实施 3 个步骤，各组同学已完成班级网站"班级简介"
页面制作的任务。根据下列任务考核评价表的标准，进行任务评价。

任务考核评价表

序　号	考 核 内 容		考 核 标 准		配　分	得　分
1	职业素养 （40%）	诚信	按时上交任务准备、实施及总结页的作业		5	
2		规范	文件命名合理		5	
3			项目文件夹结构合理		5	
4			任务工作页内容完整，页面整洁		5	
5		团结协作 （组长评价）	服从组长安排，主动参与任务开发		10	
6			按时并保质保量完成分工工作		5	
7			完成项目设计规定的次页数量		5	
8	工作质量 （60%）	制作次页	内容完整， 结构合理	网页对象内容按要求设置完整 页面的布局结构使用 DIV+CSS，实现了高效的页面布局	20	
9			功能实现	界面操作功能按要求正常实现	10	
10			设计质量	网页对象整体页面色彩搭配和谐，字体大小适中，结构清晰明了，体现一定的网页美工的水平，符合主题设计要求	15	
11			标记规范	HTML 标记使用规范，HTML 代码可读性强，通过查看 HTML 代码就能对网页的结构一目了然	15	
合计					100	

子任务四 制作"优秀教师"页面

任务描述

"优秀教师"页面是用来提供任课教师基本情况及与各科老师进行学习情况交流等信息的页面，因此作为任务三中的第4个子任务来进行设计。本任务还是以"毕业班"班级网站为实例，完成本班级网站"优秀教师"页面的布局设计和制作。

任务分析

次页设计的步骤是：网站的主要导航结构页面，讲究风格的一致性，并与首页呼应，各栏目内部主要内容的介绍都可以在次页中体现，让浏览者能够迅速了解网站各栏目的主要内容，择其需要而浏览。以"毕业班"班级网站次页"优秀教师"页面设计分析为例，该页面结构分析如图1-46所示。

可以看出该页面布局与"班级简介"、"留言板"页面一样分为头部、内容部分和底部。下面就开始"优秀教师"页面的HTML网页结构文件和CSS样式文件的创建。

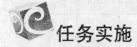

任务实施

步骤一 创建"优秀教师"页面HTML文件

此步骤中各组同学要完成的操作如下：编写teacher.html，此文件对应的效果图是"班级网站-优秀教师.jpg"。

1）首先将message.html文件另存为teacher.html，然后再打开teacher.html文件，将右栏的表单内容整个删除并对"当前位置"的一些信息稍微修改，如图1-47所示。

图1-46 "优秀教师"网页结构分析

图 1-47 "优秀教师" HTML 文件

如上图所示，在第 9 行输入以下代码：

```
9  <body>
10 <div class="wrapper layout-1000"> <!-- 网站布局容器 开始 -->
11 <div id="header"> <!-- 网站头部 开始 -->
12 <h1><img src="images/headBg2.jpg" alt="班级网站" /></h1> <!-- 网站 LOGO -->
13 <ul class="nav"> <!-- 网站导航开始 -->
14 <li><a href="index.html">首页</a></li>
15 <li><a href="news.html">新闻中心</a></li>
16 <li><a href="album.html">班级相册</a></li>
17 <li><a href="intro.html">班级简介</a></li>
18 <li><a href="teacher.html">优秀教师</a></li>
19 <li><a href="message.html">留言板</a></li>
20 <li><a href="resume.html">同学简历</a></li>
21 <li class="rightLink"><a href="#">用户登录</a> | <a href="#" class="blue">成员管理</a></li>
22 </ul> <!-- 网站导航结束 -->
23 </div> <!-- end:header -->
24 <div id="content" class="layout-190-790"> <!-- 网站内容部分 开始 -->
25 <div class="sidebar"> <!-- 左侧栏 开始 -->
26 <div class="leftMenu"> <!-- 左侧菜单 开始 -->
27 <a href="message.html"><img src="images/msgLink.jpg" alt="我要留言" /></a>
28 <a href="album.html"><img src="images/photoLink.jpg" alt="班级相册" /></a>
29 <a href="resume.html"><img src="images/memberLink.jpg" alt="班级成员" /></a>
30 </div> <!-- end:leftMenu -->
31 </div> <!-- end:sidebar -->
32 <div class="main"> <!-- 右侧主要内容 开始 -->
33 <div class="location">您当前的位置是： <a href="index.html">首页</a> &gt;&gt; <a href=
"teacher.html">优秀教师</a></div>
```

```
34
35  </div><!-- end:main -->
36  </div><!-- end:content -->
37  <div id="footer"> <!-- 网站底部 开始 -->
38  <p><a href="index.html">版权归深圳技师学院信息技术系 04 电子商务 G5 班所有</a></p>
39  <p>地址：深圳市福田区福强路 1007 号 <a href="mailto:04dzswg5@163.com">电子邮箱：04dzswg5@
    163.com</a></p>
40  </div><!-- end:footer -->
41  </div><!-- end:wrapper -->
42  </body>
```

2）完善这个 HTML 文件。在"当前位置"下面插入代码，由于教师列表代码很多，在这里只显示前面两个单元，有兴趣的读者可以再多复制几个单元，如图 1-48 所示。

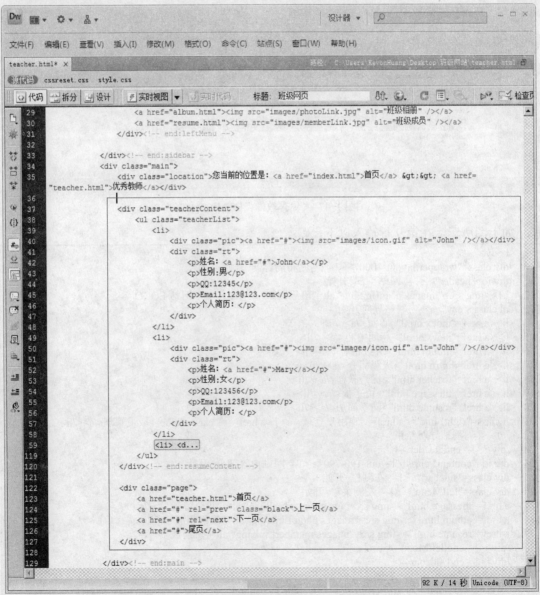

图 1-48 "优秀教师"内容部分 HTML 文件

如图1-48所示，在第37行中输入以下代码，第59行到第119行的代码只需重复复制并粘贴第39行到第48行的代码即可：

```
34  <div class="main"> <!-- 右侧主要内容 开始 -->
35  <div class="location">您当前的位置是：  <a  href="index.html"> 首页 </a>  &gt;&gt;  <a href="teacher.
    html">优秀教师</a></div>
36
37  <div class="teacherContent"> <!-- 教师页面容器 开始 -->
38  <ul class="teacherList"> <!-- 教师简介列表 开始 -->
39  <li> <!-- 采用左右两栏布局，因此文字内容和图片需要分别用 div 括起来 -->
40  <div class="pic"><a href="#"><img src="images/icon.gif" alt="John" /></a></div>
41  <div class="rt">
42  <p>姓名：<a href="#">John</a></p>
43  <p>性别:男</p>
44  <p>QQ:12345</p>
45  <p>Email:123@123.com</p>
46  <p>个人简历：</p>
47  </div>
48  </li>
49  <li> <!-- 采用左右两栏布局，因此文字内容和图片需要分别用 div 括起来 -->
50  <div class="pic"><a href="#"><img src="images/icon.gif" alt="John" /></a></div>
51  <div class="rt">
52  <p>姓名：<a href="#">John</a></p>
53  <p>性别:男</p>
54  <p>QQ:12345</p>
55  <p>Email:123@123.com</p>
56  <p>个人简历：</p>
57  </div>
58  </li>
59  <li>
.......
119 </ul><!-- end:teacherList -->
120 </div><!-- end:resumeContent -->
121
122 <div class="page"><!-- 翻页功能 开始 -->
123 <a href="teacher.html">首页</a>
124 <a href="#" rel="prev" class="black">上一页</a>
125 <a href="#" rel="next">下一页</a>
126 <a href="#">尾页</a>
127 </div>
128
129 </div><!-- end:main -->
```

3）接下来，编写此部分对应的样式。打开 style.css 文件，在最后插入代码，如图 1-49 所示。

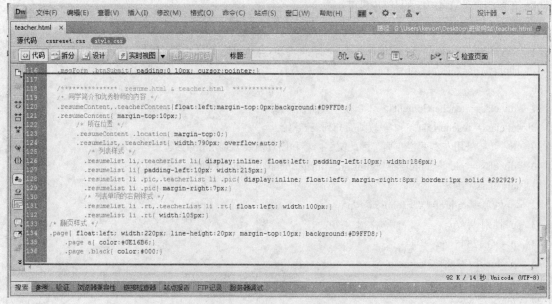

图 1-49　"优秀教师"页面样式

如上图所示，在第 118 行输入以下代码：

```
118 /*************** resume.html & teacher.html ************/
119 /* 同学简介和优秀教师的内容 */
120 .resumeContent,.teacherContent{float:left;margin-top:0px;background:#D9FFD8;}
121 .resumeContent{ margin-top:10px;}
122 /* 所在位置 */
123 .resumeContent .location{ margin-top:0;}
124 .resumeList,.teacherList{ width:790px; overflow:auto;}
125 /* 列表样式 */
126 .resumeList li,.teacherList li{ display:inline; float:left; padding-left:10px; width:186px;}
127 .resumeList li{ padding-left:10px; width:215px;}
128 .resumeList li .pic,.teacherList li .pic{ display:inline; float:left; margin-right:8px; border:1px solid
     #292929;}
129 .resumeList li .pic{ margin-right:7px;}
130 /* 列表单项的右侧样式 */
131 .resumeList li .rt,.teacherList li .rt{ float:left; width:100px;}
132 .resumeList li .rt{ width:105px;}
133 /* 翻页样式 */
134 .page{ float:left; width:220px; line-height:20px; margin-top:10px; background:#D9FFD8;}
135 .page a{ color:#0E16B6;}
136 .page .black{ color:#000;}
```

到此，"优秀教师"页面已经设计完成了，效果如图 1-50 所示。

图1-50 "优秀教师"浏览效果

步骤二 完善本班级网站次页"优秀教师"的内容

此步骤中各组同学要完成的操作如下：

操作一：与网站首页操作相同，各组同学要用在课前提前设计完成的本班级logo及banner替换实例网站的 logo 及 banner。打开"优秀教师"次页的代码视图，将头部代码中的 logo 及 banner 图像文件替换为各组同学设计的logo及banner图像文件。将布局底部代码中的"班级名称"和"班级邮箱地址"替换成现在班级的实际信息。

操作二：将实例网站"优秀教师"次页布局内容部分右栏中"优秀教师"的个人基本信息及照片替换成各组同学现在班级任课教师的实际信息。

各组同学完成上述操作的同时，一定要注意网页主辅色彩的协调统一。以上操作完成后，各组同学就完整地进行了本班级网站"优秀教师"次页的设计。

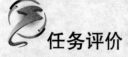 任务评价

　　根据任务描述、任务分析及任务实施 3 个步骤,各组同学已完成班级网站"优秀教师"页面制作的任务。根据下列任务考核评价表的标准,进行任务评价。

任务考核评价表

序　号	考核内容		考核标准		配　分	得　分
1	职业素养 (40%)	诚信	按时上交任务准备、实施及总结页的作业		5	
2		规范	文件命名合理		5	
3			项目文件夹结构合理		5	
4			任务工作页内容完整,页面整洁		5	
5		团结协作 (组长评价)	服从组长安排,主动参与任务开发		10	
6			按时并保质保量完成分工工作		5	
7			完成项目设计规定的次页数量		5	
8	工作质量 (60%)	制作次页	内容完整, 结构合理	网页对象内容按要求设置完整 页面的布局结构使用 DIV+CSS,实现了高效的页面布局	20	
9			功能实现	界面操作功能按要求正常实现	10	
10			设计质量	网页对象整体页面色彩搭配和谐,字体大小适中,结构清晰明了,体现一定的网页美工的水平,符合主题设计要求	15	
11			标记规范	HTML 标记使用规范,HTML 代码可读性强,通过查看 HTML 代码就能对网页的结构一目了然	15	
合计					100	

子任务五 制作"留言板"页面

 **任务描述**

"留言板"页面是让全班同学交流学习、交流班级各项信息的页面，因此作为任务三中的第5个子任务来进行设计。本任务还是以"毕业班"班级网站为实例，完成各组班级网站"留言板"页面的布局设计和制作。

57

任务分析

次页设计的步骤是：网站的主要导航结构页面，讲究风格的一致性，并与首页呼应，各栏目内部主要内容的介绍都可以在次页中体现，让浏览者能够迅速了解网站各栏目的主要内容，择其需要而浏览。以"毕业班"班级网站次页"留言板"页面设计分析为例，该页面结构分析如图 1-51 所示。

图 1-51 "留言板"网页结构分析

可以看出该页面布局与"班级简介"页面一样分为头部、内容部分和底部。下面就开始"留言板"页面的 HTML 网页结构文件和 CSS 样式文件的创建。

任务实施

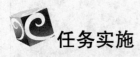 创建"留言板"页面 HTML 文件

此步骤中各组同学要完成的操作如下：编写 message.html，此文件对应的效果图是"班级网站-留言板.jpg"。

1）首先将 intro.html 文件另存为 message.html，然后再打开 message.html 文件，将"<div class = "introContent">…</div>"容器整个删除并对"当前位置"的一些信息稍微修改，如图 1-52 所示。

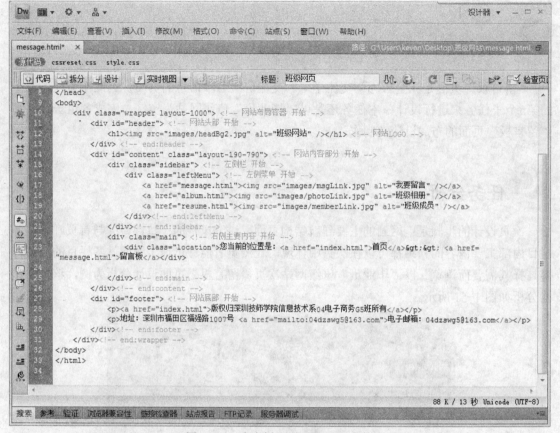

图 1-52 "留言板"页面 HTML 文件

如上图所示，在第 9 行输入以下代码：

```
9   <body>
10  <div class="wrapper layout-1000"> <!-- 网站布局容器 开始 -->
11  <div id="header"> <!-- 网站头部 开始 -->
12  <h1><img src="images/headBg2.jpg" alt="班级网站" /></h1> <!-- 网站 LOGO -->
13  </div> <!-- end:header -->
14  <div id="content" class="layout-190-790"> <!-- 网站内容部分 开始 -->
15  <div class="sidebar"> <!-- 左侧栏 开始 -->
16  <div class="leftMenu"> <!-- 左侧菜单 开始 -->
17  <a href="message.html"><img src="images/msgLink.jpg" alt="我要留言" /></a>
18  <a href="album.html"><img src="images/photoLink.jpg" alt="班级相册" /></a>
19  <a href="resume.html"><img src="images/memberLink.jpg" alt="班级成员" /></a>
20  </div><!-- end:leftMenu -->
21  </div><!-- end:sidebar -->
22  <div class="main"> <!-- 右侧主要内容 开始 -->
23   <div class="location">您当前的位置是：<a href="index.html">首页</a>&gt;&gt; <a href="message
    .html">留言板</a></div>
```

```
24
25  </div><!-- end:main -->
26  </div><!-- end:content -->
27  <div id="footer"> <!-- 网站底部开始 -->
28  <p><a href="index.html">版权归深圳技师学院信息技术系04电子商务G5班所有</a></p>
29  <p>地址：深圳市福田区福强路 1007 号 <a href="mailto:04dzswg5@163.com"> 电子邮箱：
    04dzswg5@163.com</a></p>
30  </div><!-- end:footer -->
31  </div><!-- end:wrapper -->
32  </body>
```

接着，在"当前位置"下面插入留言板的结构代码，如图1-53所示。

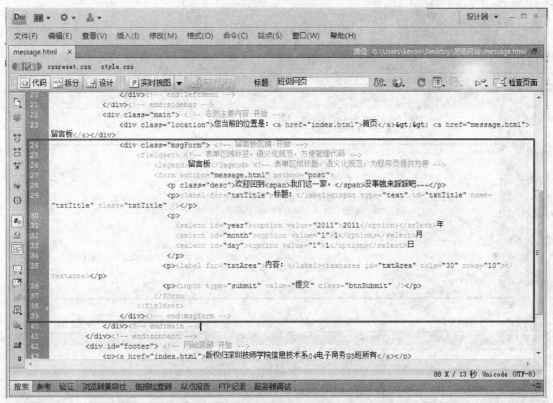

图1-53 "留言板"右侧"当前位置"HTML代码

如上图所示，在第24行输入以下代码：

```
24  <div class="msgForm"> <!-- 留言板区域 开始 -->
25  <fieldset> <!-- 表单区域标签，语义化规范，方便管理代码 -->
26  <legend>留言板</legend> <!-- 表单区域标题，语义化规范，为程序员提供方便 -->
27  <form action="message.html" method="post">
28  <p class="desc">欢迎回到<span>我们这一家，</span>没事就来踩踩吧~~~</p>
29  <p><label for="txtTitle">标题：</label><input type="text" id="txtTitle" name="txtTitle" class="txtTitle"
    /></p>
30  <p>
```

```
31  <selectid="year"><optionvalue="2011">2011</option></select>年
32  <select id="month"><option value="1">1</option></select>月
33  <select id="day"><option value="1">1</option></select>日
34  </p>
35  <p><label for="txtArea">内容：</label><textarea id="txtArea" cols="30" rows="10"></textarea></p>
36  <p><input type="submit" value="提交" class="btnSubmit" /></p>
37  </form>
38  </fieldset>
39  </div><!-- end:msgForm -->
```

2）下面只需要对留言板的表单设置样式就可以了。打开 style.css 文件，在最后插入代码，如图 1-54 所示。

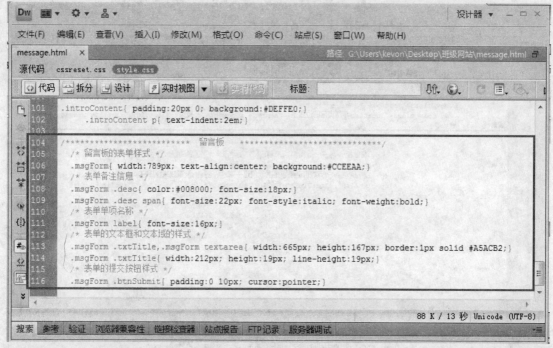

图 1-54 "留言板"表单样式

如上图所示，在第 104 行输入以下代码：

```
104 /************************* 留言板  ***************************/
105 /* 留言板的表单样式 */
106 .msgForm{ width:789px; text-align:center; background:#CCEEAA;}
107 /* 表单备注信息 */
108 .msgForm .desc{ color:#008000; font-size:18px;}
109 .msgForm .desc span{ font-size:22px; font-style:italic; font-weight:bold;}
110 /* 表单单项名称 */
111 .msgForm label{ font-size:16px;}
112 /* 表单的文本框和文本域的样式 */
113 .msgForm .txtTitle,.msgForm textarea{ width:665px; height:167px; border:1px solid #A5ACB2;}
114 .msgForm .txtTitle{ width:212px; height:19px; line-height:19px;}
```

```
115 /* 表单的提交按钮样式 */
116 .msgForm .btnSubmit{ padding:0 10px; cursor:pointer;}
```

到此，"留言板"页面已经设计完成了，只要将公共的样式先写好，后面的内容就可以很轻松地完成了，效果如图1-55所示。

图1-55 "留言板"浏览效果

61

步骤二 **完善各组班级网站次页"留言板"的内容**

此步骤中各组同学要完成的操作如下：

操作一：与网站首页操作相同，各组同学要用在课前提前设计完成的本班级 logo 及 banner 替换实例网站的 logo 及 banner。打开"留言板"次页的代码视图，将头部代码中的 logo 及 banner 图像文件替换为各组同学设计的 logo 及 banner 图像文件。

操作二：将布局底部代码中的"班级名称"和"班级邮箱地址"替换成现在班级的实际信息。

各组同学完成上述操作的同时，一定要注意网页主辅色彩的协调统一。以上操作完成后，各组同学就完整地进行了本班级网站"留言板"次页的设计。

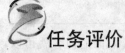 任务评价

　　根据任务描述、任务分析及任务实施3个步骤,各组同学已完成本组班级网站"留言板"页面制作的任务。根据下列任务考核评价表的标准,进行任务评价。

任务考核评价表

序　号	考 核 内 容			考 核 标 准		配　分	得　分
1	职业素养（40%）		诚信	按时上交任务准备、实施及总结页的作业		5	
2		规范		文件命名合理		5	
3				项目文件夹结构合理		5	
4				任务工作页内容完整,页面整洁		5	
5		团结协作（组长评价）		服从组长安排,主动参与任务开发		10	
6				按时并保质保量完成分工工作		5	
7				完成项目设计规定的次页数量		5	
8	工作质量（60%）	制作次页	内容完整,结构合理	网页对象内容按要求设置完整		20	
				页面的布局结构使用 DIV+CSS,实现了高效的页面布局			
9			功能实现	界面操作功能按要求正常实现		10	
10			设计质量	网页对象整体页面色彩搭配和谐,字体大小适中,结构清晰明了,体现一定的网页美工的水平,符合主题设计要求		15	
11			标记规范	HTML 标记使用规范,HTML 代码可读性强,通过查看 HTML 代码就能对网页的结构一目了然		15	
合计						100	

子任务六 制作"同学简历"页面

任务描述

"同学简历"页面是用来提供全班每位同学个人基本情况的页面,因此作为任务三中的第6个子任务来进行设计。本任务还是以"毕业班"班级网站为实例,完成各组班级网站"同学简历"页面的布局设计和制作。

任务分析

次页设计的步骤是:网站的主要导航结构页面,讲究风格的一致性,并与首页呼应,各栏目内部主要内容的介绍都可以在次页中体现,让浏览者能够迅速了解网站各栏目的主要内容,择其需要而浏览。以"毕业班"班级网站次页"同学简历"页面设计分析为例,该页面结构分析如图1-56所示。

图1-56 "同学简历"网页结构分析

可以看出该页面布局与"班级简介"、"留言板"、"优秀教师"页面一样分为头部、内容部分和底部。下面就开始"同学简历"页面的 HTML 网页结构文件和 CSS 样式文件的创建。

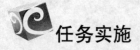 任务实施

步骤一 创建"同学简历"页面 HTML 文件

此步骤中各组同学要完成的操作如下：编写 resume.html，此文件对应的效果图是"班级网站-同学简历.jpg"。

1) 首先将 teacher.html 文件另存为 resume.html，然后再打开 resume.html 文件，将其中右栏的教师列表整个删除并对"当前位置"的一些信息稍微修改，如图 1-57 所示。

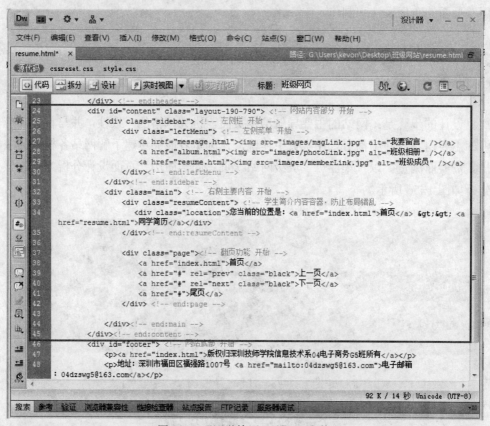

图 1-57 "同学简历"HTML 文件

如上图所示，在第 24 行输入以下代码：

```
24  <div id="content" class="layout-190-790"> <!-- 网站内容部分 开始 -->
25  <div class="sidebar"> <!-- 左侧栏 开始 -->
26  <div class="leftMenu"> <!-- 左侧菜单 开始 -->
27  <a href="message.html"><img src="images/msgLink.jpg" alt="我要留言" /></a>
28  <a href="album.html"><img src="images/photoLink.jpg" alt="班级相册" /></a>
29  <a href="resume.html"><img src="images/memberLink.jpg" alt="班级成员" /></a>
30  </div><!-- end:leftMenu -->
31  </div><!-- end:sidebar -->
```

```
32  <div class="main"> <!-- 右侧主要内容 开始 -->
33  <div class="resumeContent"> <!-- 学生简介内容容器，防止布局错乱 -->
34    <div class="location">您当前的位置是：<a href="index.html"> 首页 </a> &gt;&gt; <a href=
      "resume.html">同学简历</a></div>
35  </div><!-- end:resumeContent -->
36
37  <div class="page"><!-- 翻页功能 开始 -->
38  <a href="index.html">首页</a>
39  <a href="#" rel="prev" class="black">上一页</a>
40  <a href="#" rel="next" class="black">下一页</a>
41  <a href="#">尾页</a>
42  </div> <!-- end:page -->
43
44  </div><!-- end:main -->
45  </div><!-- end:content -->
```

2）然后还是在"当前位置"下面插入代码，由于列表单元太多，因此在这里只显示两个，添加的代码如图 1-58 所示。

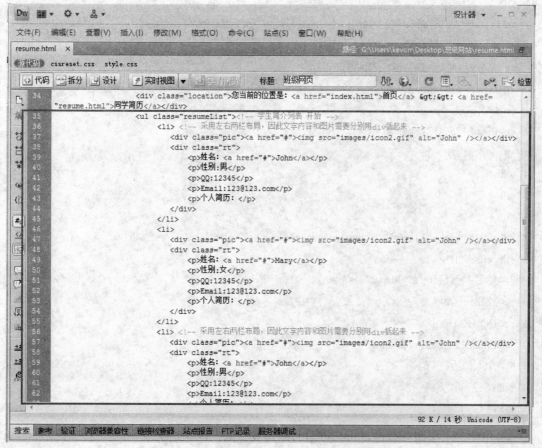

图 1-58 "同学简历"内容部分 HTML 文件

65

如上图所示，在第 35 行输入以下代码：

```
33  <div class="resumeContent">
34  <div class="location">您当前的位置是：  <a   href="index.html"> 首页 </a>   &gt;&gt;   <a href=
    "resume.html">同学简历</a></div>
35  <ul class="resumeList"><!-- 学生简介列表 开始 -->
36  <li> <!-- 采用左右两栏布局，因此文字内容和图片需要分别用 div 括起来 -->
37  <div class="pic"><a href="#"><img src="images/icon2.gif" alt="John" /></a></div>
38  <div class="rt">
39  <p>姓名： <a href="#">John</a></p>
40  <p>性别:男</p>
41  <p>QQ:12345</p>
42  <p>Email:123@123.com</p>
43  <p>个人简历： </p>
44  </div>
45  </li>
46  <li>
47  <div class="pic"><a href="#"><img src="images/icon2.gif" alt="John" /></a></div>
48  <div class="rt">
49  <p>姓名： <a href="#">Mary</a></p>
50  <p>性别:女</p>
51  <p>QQ:12345</p>
52  <p>Email:123@123.com</p>
53  <p>个人简历： </p>
54  </div>
55  </li>
56  <li>
57  <div class="pic"><a href="#"><img src="images/icon2.gif" alt="John" /></a></div>
58  <div class="rt">
59  <p>姓名： <a href="#">Mary</a></p>
60  <p>性别:男</p>
61  <p>QQ:12345</p>
62  <p>Email:123@123.com</p>
63  <p>个人简历： </p>
64  </div>
65  </li>
```

3）由于此页面跟 teacher.html 页面的样式很相似，因此这部分代码已经和 teacher.html 页面的样式一起编写好了。

到此，"同学简历"页面也已经设计完成了，效果如图1-59所示。

图1-59　"同学简历"浏览效果

步骤二　完善各组班级网站次页"同学简历"的内容

此步骤中各组同学要完成的操作如下：

操作一：与网站首页操作相同,各组同学要用在课前提前设计完成的本班级logo及banner替换实例网站的 logo 及 banner。打开"同学简历"次页的代码视图,将头部代码中的 logo 及 banner 图像文件替换为各组同学设计的 logo 及 banner 图像文件。将布局底部代码中的"班级名称"和"班级邮箱地址"替换成现在班级的实际信息。

操作二：依次将实例网站"同学简历"次页布局内容部分右栏中每个同学的个人基本信息及照片替换成各组同学现在的实际信息。

各组同学完成上述操作的同时,一定要注意网页主辅色彩的协调统一。以上操作完成后,各组同学就完整地进行了本组班级网站"同学简历"次页的设计。

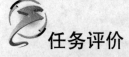任务评价

　　根据任务描述、任务分析及任务实施 3 个步骤，各组同学已完成班级网站"同学简历"页面制作的任务。根据下列任务考核评价表的标准，进行任务评价。

任务考核评价表

序　号	考　核　内　容		考　核　标　准	配　分	得　分
1	职业素养（40%）	诚信	按时上交任务准备、实施及总结页的作业	5	
2		规范	文件命名合理	5	
3			项目文件夹结构合理	5	
4			任务工作页内容完整，页面整洁	5	
5		团结协作（组长评价）	服从组长安排，主动参与任务开发	10	
6			按时并保质保量完成分工工作	5	
7			完成项目设计规定的次页数量	5	
8	工作质量（60%）	制作次页	内容完整，结构合理：网页对象内容按要求设置完整；页面的布局结构使用 DIV+CSS，实现了高效的页面布局	20	
9			功能实现：界面操作功能按要求正常实现	10	
10			设计质量：网页对象整体页面色彩搭配和谐，字体大小适中，结构清晰明了，体现一定的网页美工的水平，符合主题设计要求	15	
11			标记规范：HTML 标记使用规范，HTML 代码可读性强，通过查看 HTML 代码就能对网页的结构一目了然	15	
合计				100	

 班级网站项目展示评价

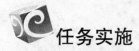 任务描述

通过完成任务二、任务三的内容，各组同学完成了项目一班级网站的首页及各次页的设计和制作，在任务四中将完成班级网站的搭建及项目展示评价。

任务实施

请各组同学参考"毕业班"班级网站结构，如图 1-60 所示，将本组班级网站搭建成一个完整的网站（两级静态页面）模型。

班级网站搭建要求：

1）根据网站架构将设计完成的网页搭建成一个完整的班级网站（两级静态页面）。

2）网站各页面设计美观简洁，布局合理，内容完整，特别要求符合 Web 标准，即 DIV+CSS。注：CSS 源文件中最好加注释，比如哪些样式属于哪一张页面，一定要加上注释语句。

3）首页及各次页面上的菜单项或导航栏目要完成超链接设置，特别注意首页导航的方向（可以正确打开各次页面）。

4）整个网站设计符合内容型网站的要求：体现在颜色搭配、版面布局、文字图片运用等。

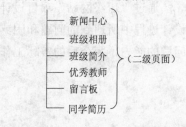

图 1-60 "毕业班"班级网站结构

项目展示

1. 项目展示要求

请各组同学根据展示要求，认真准备项目展示。项目展示要求如下：

1）完整地完成项目。

2）介绍项目的结构（主要页面布局等要完整）。

3）完成设计项目的心得体会。

4）讲述语言要流畅、清楚、简练。

5）时间控制在 6 分钟内。

2．"班级网站"项目展示流程

请各组同学根据完成的项目设计，进行项目展示。

（1）展示内容

展示内容使用 PPT 完成，包含下列各项：

1）网站目录结构图。

2）网站 logo。

3）网页布局分析。

4）网页 CSS 代码层次结构。

5）设计体会。

（2）演示网站项目（浏览网站页面）

1）网站页面内容。

2）网站色彩。

3）网站导航、链接方向。

4）网站页面模块功能的实现。

3．"班级网站"项目展示总结

通过"班级网站"项目设计和项目展示，使各组同学真正认识到自己在内容型网站项目设计过程中所遇到的问题和困惑，并使各组同学在项目设计中不断提高自己发现问题、解决问题的能力，为今后的实际工作积累经验。

 任务评价

1. "班级网站"项目小组评价

请各组同学根据"项目一'班级网站开发'项目展示评价表（小组评分表）"，对各组设计完成的"班级网站"项目进行小组互评。

组名	评价内容		评价标准	配分	组1	组2	组3	组4	组5	组6	组7
	职业素养（40%）	工作规范	项目资料完整	10							
			项目文件夹结构清晰,文件命名合理	10							
			展示时间把握准确,展示语言清晰明了、流畅	10							
		团结协作	小组成员分工合理，协作到位	10							
	工作质量（60%）	项目设计	网站主题 / 明确，符合项目开发要求	10							
			网站结构 / 网站导航及超链接方向正确	10							
			网站风格 / logo设计完整，整体色彩搭配符合主题	20							
			版面布局 / 内容完整，符合CSS+DIV网页布局标准	20							

项目一 "班级网站开发"项目展示评价表（小组评分表）

2. "班级网站"项目汇总评价

请各组同学根据"项目一'班级网站开发'项目展示评价表（各组评分汇总表）"，对各组设计完成的"班级网站"项目进行各小组汇总评价。

组名	评价内容		评价标准	配分	组1	组2	组3	组4	组5	组6	组7	总评
	职业素养（40%）	工作规范	项目资料完整	10								
			项目文件夹结构清晰,文件命名合理	10								
			展示时间把握准确,展示语言清晰明了、流畅	10								
		团结协作	小组成员分工合理，协作到位	10								
	工作质量（60%）	项目设计	网站主题 / 明确，符合项目开发要求	10								
			网站结构 / 网站导航及超链接方向正确	10								
			网站风格 / logo设计完整，整体色彩搭配符合主题	20								
			版面布局 / 内容完整、符合CSS+DIV网页布局标准	20								
合计												
点评汇总												

项目一 "班级网站开发"项目展示评价表（各组评分汇总表）

项目二

电子商务型企业网站前端开发

　　项目说明（开发背景）：此项目是在本课程教学实施中设计完成第一个较简单的课程项目"班级网站前端开发"项目后的第二个课程项目，此项目是一家真实的企业为了推广两种新开发的产品委托给我系专业俱乐部来完成的企业网站改版开发项目。在本课程的平行课"网页美工"中进行了项目原型的设计，本课程将设计完成的项目原型作为第二个课程项目"企业网站前端开发"的实例，通过项目二的设计使学生更加熟练地掌握 XHTML 网站布局的基础和技能，并且也达到了学生应用校内专业知识更好地为企业服务的目的，真正实现职业技术教育教学的培养目标——学以致用。此项目的实施同样以教学班学生分组形式开展。

　　本教程只讲解网页中 CSS+XHTML 部分的实现，要求部分页面实现 JavaScript 部分，作为项目设计的拓展知识。

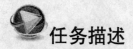

任务一 规 划 网 站

任务描述

网站规划包含的内容很多，如网站主题、结构、风格、栏目的设置、颜色搭配、版面布局、图像文字运用等。只有在设计网站之前将这些方面都考虑到了，才能驾轻就熟地设计开发出结构完整、符合要求的网站，从而才有可能设计出有个性、有特色并有吸引力的网页。本任务主要以"××公司"网站为实例，完成各组企业网站的规划。

任务分析

因为此项目是将本课程的平行课"网页美工"中设计完成的项目原型作为实例，因此从已经设计完成的8组网站原型中挑选了第1、3、5、7四组设计图，发给各组学生做参考，各小组可以参考这4组设计图中的任一种，也可以小组自行设计。另外，将企业基本信息、产品基本信息及图像素材发给各组学生作为本组设计的素材使用。四组原型设计如图2-1～图2-4所示。

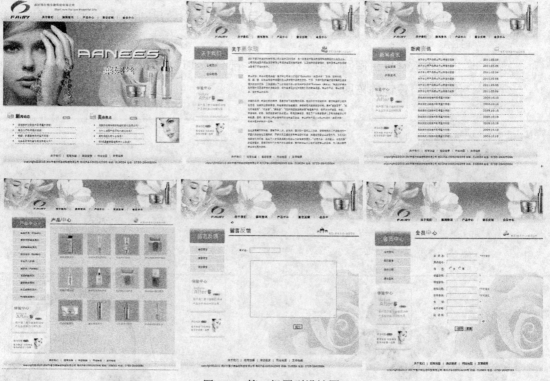

图 2-1　第 1 组原型设计图

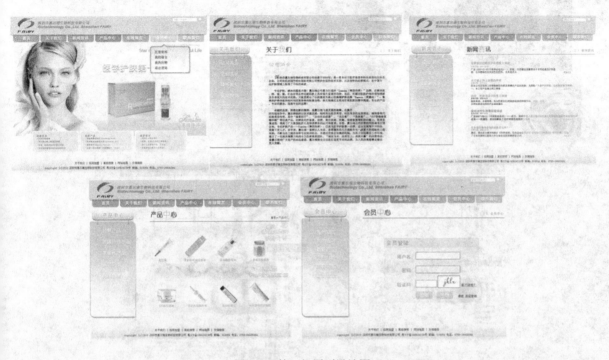

图 2-2　第 3 组原型设计图

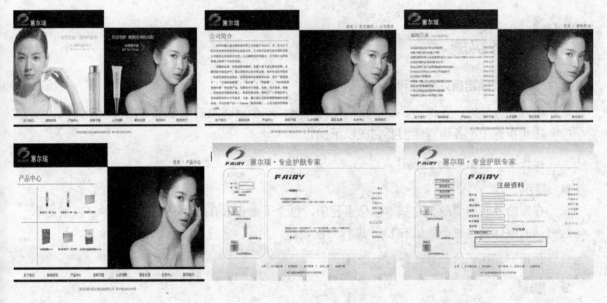

图 2-3　第 5 组原型设计图

图 2-4　第 7 组原型设计图

任务实施

步骤一　确定网站主题和名称

通过任务分析，各组同学已经很清楚地知道，本企业网站的风格及各网页版面布局。在此步骤中，各组同学们要完成以下操作。

操作一：网站 logo 再设计。

提示

在发给各组同学的企业基本信息素材中，包含了企业原有的 logo，各组同学可以根据本组网站的整体风格对企业原有 logo 进行二次设计。

操作二：色彩搭配及选择标准字体。

提示

1）通过任务分析中 4 组实例原型图，各组同学在选择网站主色调及辅助色调时，一定要考虑色调的协调性、统一性，使网站 logo、网站主页及各次页的色彩定位协调统一。

2）通过任务分析中 4 组实例原型图为参考，各组同学一定要注意网站 logo、网页中标题及主菜单中的字体统一标准。

步骤二　绘制网站框架结构图

根据任务分析，各组同学要完成网站框架结构图，使本组要设计的网站结构清晰无误。在此步骤中，以第 1 组原型设计为例，各组同学完成本组要设计的网站框架结构图，如图 2-5 所示。

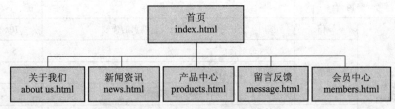

图 2-5　企业网站的框架结构

步骤三　拟定网站目录结构

根据网站框架结构图，各组同学拟定网站目录结构。合理的网站目录，可以提高网站的上传、维护及扩充等操作的速度。在此步骤中，根据第 1 组原型设计的目录结构图，各组同学完成本组要设计的网站目录结构，如图 2-6 所示。

网站资源文件

企业网站	📁 css	存放样式表文件夹
	📁 images	存放网站图像文件夹
	🌐 about us.html	"关于我们"文件
	🌐 index.html	"网站首页"文件
	🌐 message.html	"留言反馈"文件
	🌐 news.html	"新闻资讯"文件
	🌐 produc.html	"产品中心"文件
	🌐 reg.html	"会员中心"文件

图 2-6　企业网站的目录结构

任务评价

　　根据任务描述、任务分析及任务实施 3 个步骤，各组同学已完成本组要设计的企业网站规划任务。根据下列任务考核评价表的标准，进行任务评价。

任务考核评价表

序　号	考核内容		考核标准	配　分	得　分
1	职业素养 （40%）	诚信	按时上交任务准备、实施及总结页的作业	10	
2		规范	文件命名合理	5	
3			项目文件夹结构合理	5	
4			任务工作页内容完整，页面整洁	5	
5		团结协作 （组长评价）	服从组长安排，主动参与任务开发	10	
6			按时并保质保量完成分工工作	5	
7	工作质量 （60%）	规划网站	素材整理 分工协作，完成素材收集整理	20	
8			网站结构框图 符合项目设计要求（两级页面） 符合网站页面设计要求（至少 5 张次页）	20	
9			网站资源目录 结构清晰 文件命名合理	20	
合计				100	

任务描述

  网站首页一般是网站中信息量较大的一张页面，因为从首页可以了解如网站主题、结构、风格、栏目的设置、颜色搭配、版面布局、图像文字运用等内容，只有在设计网站之前将这些方面都考虑到了，才能驾轻就熟地设计开发出结构完整、符合要求的网站，从而才有可能设计出有个性、有特色并有吸引力的网页。本任务主要以第 1 组网站原型"××公司"企业网站为实例，完成各组企业网站首页的布局设计和制作。

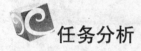

任务分析

  首页设计的步骤是：确定首页的功能模块，设计首页的版面，处理技术上的细节。以第 1 组网站原型"××公司"企业网站首页设计分析为例，该页面结构分析如图 2-7 所示。

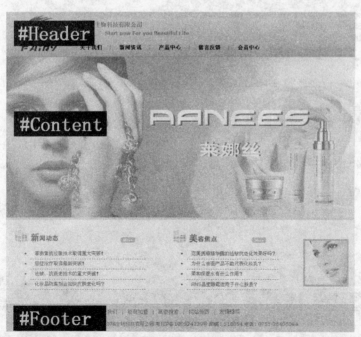

图 2-7　首页结构分析

  根据页面布局分析可以看出此页面分为头部、内容和底部。根据国际 Web 标准，网页设计遵循 DIV+CSS 规则，我们就可以编写代码了。一般情况下先写好 HTML 网页结构文件后才开始写 CSS 样式文件，HTML 文件就好比是一个人的骨骼形体，而 CSS 好比是人穿的衣服，衣服可以经常更换，而人的骨骼形体应该固定不变。HTML 文件的质量好坏会直接影响到 CSS 样式文件的发挥。

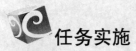 **任务实施**

此步骤中各组同学要完成的操作如下：

1）打开刚创建的 HTML 文件就可以开始编写网页的内容了，首先来编写网页的布局结构，如图 2-8 所示。编写结构时，需要注意在标签结尾处添加注释，方便以后查找和维护，其中"class="mainPage""这个样式名是用来区分首页和次页的，因为首页和次页的头部导航是不一样的，所以需要一个分支标识。

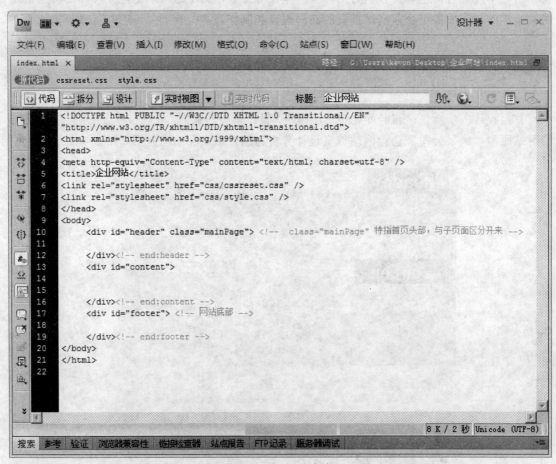

图 2-8　首页布局框架

如上图所示，在第 9 行输入以下代码：

```
9   <body>
10      <div id="header" class="mainPage"> <!--  class="mainPage" 特指首页头部，与子页面区分开来
        -->
11
```

```
12        </div><!-- end:header -->
13        <div id="content">
14
15
16        </div><!-- end:content -->
17        <div id="footer"> <!-- 网站底部 -->
18
19        </div><!-- end:footer -->
20   </body>
```

2）编写页面头部的 HTML 内容。根据最开始对设计图的分析所划分的结构来编写内容，本站的头部比较简单，只有一个导航，对于相同内容信息，建议使用无序列表标签< ul >来装载内容，如图 2-9 所示。

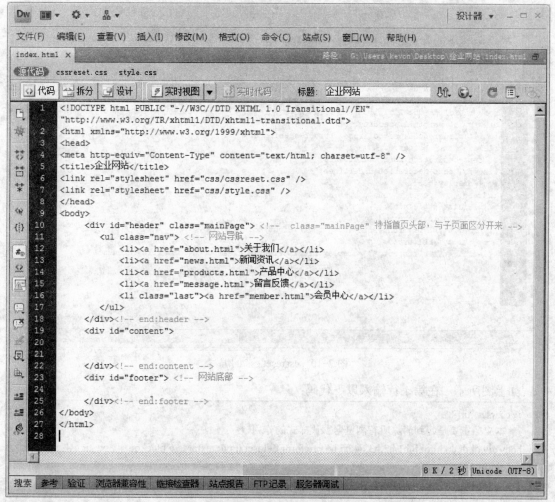

图 2-9　编写首页头部内容

如上图所示，在第 11 行输入以下代码：

```
11   <ul class="nav"> <!-- 网站导航 -->
12       <li><a href="about.html">关于我们</a></li>
```

```
13    <li><a href="news.html">新闻资讯</a></li>
14    <li><a href="products.html">产品中心</a></li>
15    <li><a href="message.html">留言反馈</a></li>
16    <li class="last"><a href="member.html">会员中心</a></li>
17    </ul>
```

由于设计图的最后一个导航项的右边是分割线，所以给最后一个<li>标签加上"class="last""样式来进行单独的设置。

3）编写 cssreset.css 文件。打开刚才新建的 cssreset.css 文件，在编写 CSS 之前需要对浏览器的一些默认样式进行清除，这样所编写的 CSS 在各个浏览器的差异才会确保最小。这部分代码内容可在网上查找和下载，编写完成后如图 2-10 所示。

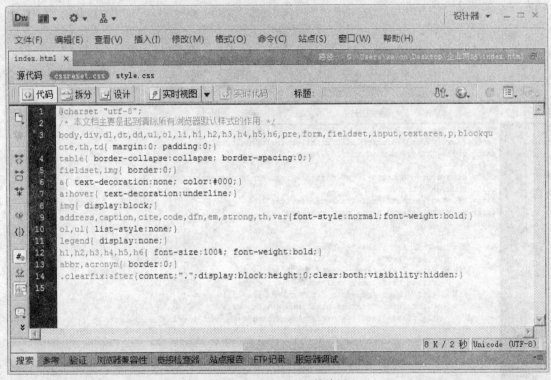

图 2-10　cssreset.css 的编写

如上图所示，在第 1 行输入以下代码：

```
1    @charset "utf-8";
2    /* 本文档主要是起到清除所有浏览器默认样式的作用 */
3    body,div,dl,dt,dd,ul,ol,li,h1,h2,h3,h4,h5,h6,pre,form,fieldset,input,textarea,p,blockqu    ote,th,td{ margin:0;
     padding:0;}
4    table{ border-collapse:collapse; border-spacing:0;}
5    fieldset,img{ border:0;}
6    a{ text-decoration:none; color:#000;}
7    a:hover{ text-decoration:underline;}
8    img{ display:block;}
9    address,caption,cite,code,dfn,em,strong,th,var{font-style:normal;font-weight:bold;}
```

```
10  ol,ul{ list-style:none;}
11  legend{ display:none;}
12  h1,h2,h3,h4,h5,h6{ font-size:100%; font-weight:bold;}
13  abbr,acronym{ border:0;}
14  .clearfix:after{content:".";display:block;height:0;clear:both;visibility:hidden;}
```

4）编写 style.css 文件。我们已经写好了重置样式和页面头部的 HTML 内容了，现在就可以正式编写 CSS 了，代码如图 2-11 所示，网页效果如图 2-12 所示。

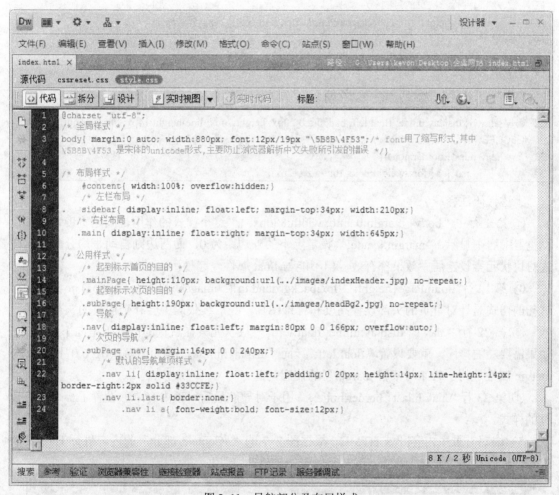

图 2-11　导航部分及布局样式

如上图所示，在第 1 行输入以下代码：

```
1   @charset "utf-8";
2   /* 全局样式 */
3   body{ margin:0 auto; width:880px; font:12px/19px "\5B8B\4F53";/* font 用了缩写形式,其中 \5B8B\4F53
    是宋体的 unicode 形式,主要防止浏览器解析中文失败所引发的错误 */}
4
5   /* 布局样式 */
6       #content{ width:100%; overflow:hidden;}
```

```
7        /* 左栏布局 */
8    .   sidebar{ display:inline; float:left; margin-top:34px; width:210px;}
9        /* 右栏布局 */
10       .main{ display:inline; float:right; margin-top:34px; width:645px;}
11
12   /* 公用样式 */
13       /* 起到标示首页的目的 */
14       .mainPage{ height:110px; background:url(../images/indexHeader.jpg) no-repeat;}
15       /* 起到标示次页的目的 */
16       .subPage{ height:190px; background:url(../images/headBg2.jpg) no-repeat;}
17   /* 导航 */
18   .nav{ display:inline; float:left; margin:80px 0 0 166px; overflow:auto;}
19   /* 次页的导航 */
20   .subPage .nav{ margin:164px 0 0 240px;}
21       /* 默认的导航单项样式 */
22       .nav li{ display:inline; float:left; padding:0 20px; height:14px; line-height:14px; border-right:2px solid
     #33CCFE;}
23       .nav li.last{ border:none;}
24          .nav li a{ font-weight:bold; font-size:12px;}
```

上述代码注释：

① 第 1 行中 "body{ margin:0 auto; width:880px; }" 这个样式的作用是固定宽度，让其在浏览器中居中显示，"margin:0 auto;" 设定上下的外边距为 0，而两边则自动平均分配，此样式对块状元素设定居中效果都有效，但不能与 float 属性一起使用。

② 第 14 行 ".mainPage{height:110px;background:url(../images/indexHeader.jpg) no-repeat;}" 这句的样式是针对首页的头部设置高度和背景图片，在后续代码中会补全次页的头部样式。

③ 第 22 行 ".nav li{ display:inline; float:left;}" 块状元素在默认的情况下是向下排列的，如果需要左右排序，就要设置 "float:left;"。而 "display:inline;" 是为了解决 IE 6.0 下 float 与 margin 属性连用所带来 "双倍 margin" 的兼容问题。

④ 第 23 行 ".nav li.last{ border:none;}" 用于对导航最后一项内容单独设置了一个去除边框的样式。

5）编写首页主内容区域 HTML。根据图 2-7 的 "#Content 部分" 的内容进行 HTML 的编写，代码如图 2-13 所示。

图 2-12 首页头部的效果展示

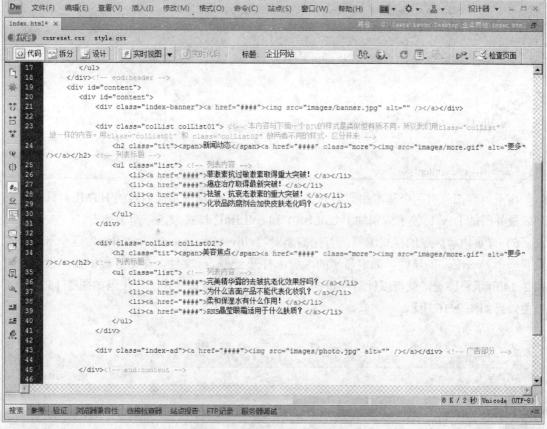

图 2-13　首页内容区域的 HTML

如上图所示，在第 20 行输入以下代码：

```
20  <div id="content">
21      <div class="index-banner"><a href="####"><img src="images/banner.jpg" alt="" /></a></div>
22
23      <div class="colList colList01"> <!-- 本内容与下面一个 DIV 的样式是类似但有所不同。所以我们
    用 class="colList" 放一样的内容。用 class="colList01" 和 class="colList02" 放两者不同的样式，区分
    开来 -->
24          <h2  class="tit"><span> 新 闻 动 态 </span><a  href="####"  class="more"><img
    src="images/more.gif" alt="更多" /></a></h2> <!-- 列表标题 -->
25          <ul class="list"> <!-- 列表内容 -->
26              <li><a href="####">菲激素抗过敏激素取得重大突破！</a></li>
27              <li><a href="####">癌症治疗取得最新突破！</a></li>
28              <li><a href="####">祛皱、抗衰老激素的重大突破！</a></li>
29              <li><a href="####">化妆品防腐剂会加快皮肤老化吗？</a></li>
30          </ul>
31      </div>
32
33      <div class="colList colList02">
34          <h2  class="tit"><span> 美 容 焦 点 </span><a  href="####"  class="more"><img
    src="images/more.gif" alt="更多" /></a></h2> <!-- 列表标题 -->
35          <ul class="list"> <!-- 列表内容 -->
```

```
36          <li><a href="####">完美精华露的去皱抗老化效果好吗？</a></li>
37          <li><a href="####">为什么洁面产品不能代表化妆乳？</a></li>
38          <li><a href="####">柔和保湿水有什么作用！</a></li>
39          <li><a href="####">RNS 晶莹眼霜适用于什么肤质？</a></li>
40        </ul>
41      </div>
42
43      <div class="index-ad"><a href="####"><img src="images/photo.jpg" alt="" /></a></div> <!-- 广告部
分 -->
44
45  </div><!-- end:content -->
```

由于内容部分有两个基本相似的列表，所以用了相同标签不同内容的 HTML，只在每个列表最外层的 DIV 标签上分别加上 colList01 和 colList02 样式来区分两个列表。

6）首页内容区域的样式编写。首先需要对"<div id="content">...</div>"这个 div 标签设置一个 overflow 的属性，限定显示的区域，打开 style.css 文件，在第 6 行中插入代码，如图 2-14 所示。接着，就可以针对刚写的内容区域的内容编写样式了，代码如图 2-15 所示，页面效果如图 2-16 所示。

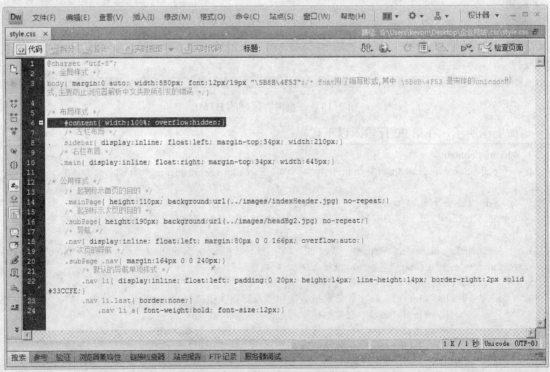

图 2-14　布局样式的样式代码

如上图所示，在第 6 行输入以下代码：

```
6   /* 布局样式 */
7   #content{ width:100%; overflow:hidden;}
8   /* 左栏布局 */
```

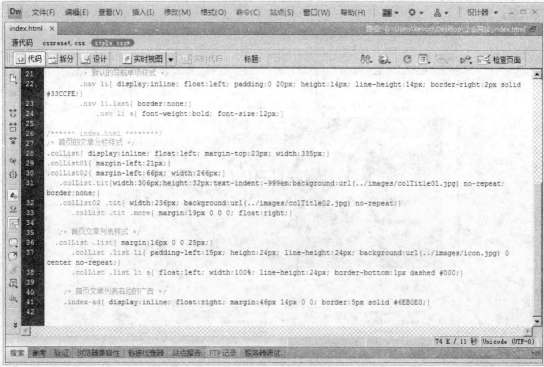

图 2-15　首页内容区域的样式代码

如上图所示，在第 26 行输入以下代码：

```
26    /****** index.html ********/
27    /* 首页的文章分栏样式 */
28    .colList{ display:inline; float:left; margin-top:23px; width:335px;}
29    .colList01{ margin-left:21px;}
30    .colList02{ margin-left:66px; width:266px;}
31       .colList .tit{width:306px;height:32px;text-indent:-999em;background:url(../images/colTitle01.jpg)
      no-repeat; border:none;}
32       .colList02 .tit{ width:236px; background:url(../images/colTitle02.jpg) no-repeat;}
33          .colList .tit .more{ margin:19px 0 0; float:right;}
34
35       /* 首页文章列表样式 */
36    .colList .list{ margin:16px 0 0 25px;}
37          .colList .list li{ padding-left:15px; height:24px; line-height:24px; background:url(../images/icon.jpg) 0
      center no-repeat;}
38          .colList .list li a{ float:left; width:100%; line-height:24px; border-bottom:1px dashed #000;}
39
40       /* 首页文章列表右边的广告 */
41          .index-ad{ display:inline; float:right; margin:46px 14px 0 0; border:5px solid #6EB0E0;}
```

上述代码注释：

第 28 行代码 ".colList{}"，通过这个样式对两个列表进行统一的设置，然后在后面使用 ".colList01{}" 和 ".colList02{}" 分别对第一个列表和第二个列表进行设置，这样可以减少代码量。

图 2-16　效果图

7）底部区域效果实现。因为首页和次页的底部内容和样式都是一样的，所以需要相同的 HTML 和相同的 CSS，首先来编写结构，如图 2-17 所示。

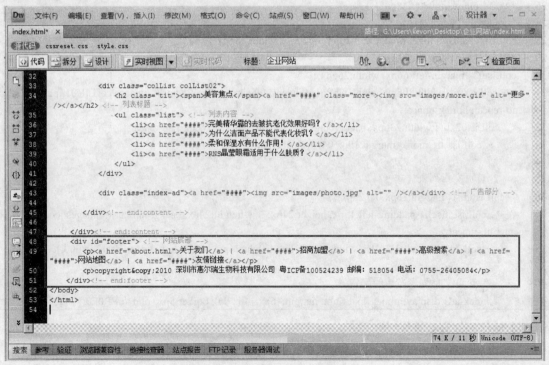

图 2-17　首页底部内容的 HTML 代码

如上图所示，在第 48 行输入以下代码：

48	`<div id="footer"> <!-- 网站底部 -->`
49	`<p><a href="about.html">关于我们</a>	<a href="####">招商加盟</a>	<a href="####">高级搜索</a>	<a href="####">网站地图</a>	<a href="####">友情链接</a></p>`
50	`<p>copyright&copy;2010 深圳市惠尔瑞生物科技有限公司 粤ICP备100524239 邮编：518054 电话：0755-26405084</p>`
51	`</div><!-- end:footer -->`

8）然后在 style.css 文件的第 26 行处插入图 2-18 中被选中的代码即可，这部分的 CSS 使用了文本居中（text-align:center;）来实现居中，通过定义行高来增加上下两行文字的距离，最后首页的效果图如图 2-19 所示。

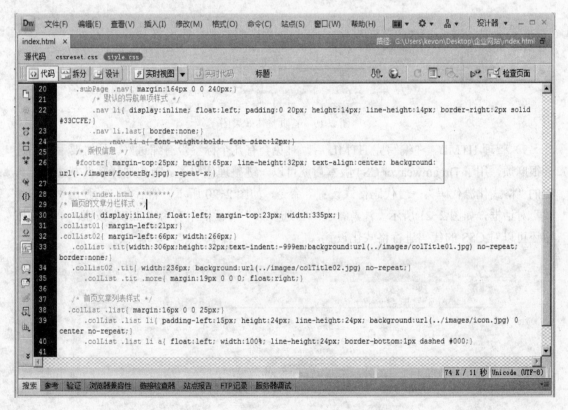

图 2-18　输入代码

如上图所示，在第 25 行输入以下代码：

25	`/* 版权信息 */`
26	`#footer{ margin-top:25px; height:65px; line-height:32px; text-align:center; background:url(../images/footerBg.jpg) repeat-x;}`
27	

图 2-19　首页整体效果图

9）整理 HTML。在编写完 HTML 后，难免会有几个标签没有缩进好。这时要手动缩进会很麻烦，用了 Dreamweaver CS4 版本后就可以一键整理代码了。首先选择软件左边的工具栏的"格式化源代码"→"代码格式设置"命令，如图 2-20 所示，然后会自动弹出"首选参数"对话框，如图 2-21 所示。注意，在"首选参数"对话框中有个"CSS"按钮，单击该按钮还可以对 CSS 的代码进行格式化设置。

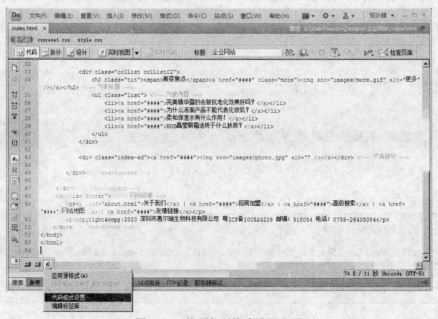

图 2-20　找到代码格式设置选项

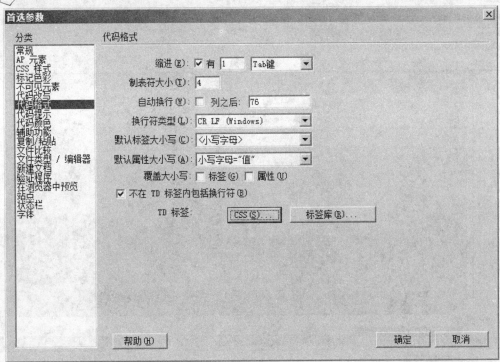

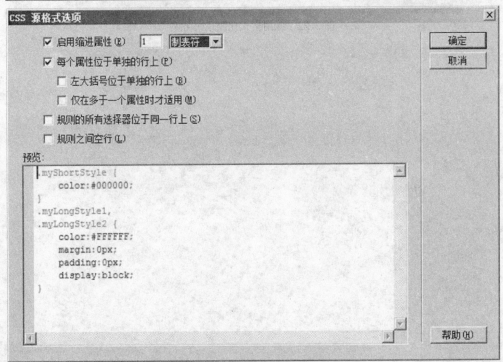

图 2-21　设置格式化代码选项

10）完成上一步后系统就知道用户想要什么样的代码格式了，接下来只需要对代码全选，然后应用这套格式的方案就可以了。首先按快捷键<Ctrl+A>全选代码，然后单击软件左侧的"格式化源代码"按钮，选择"应用源格式"命令即可，如图 2-22 所示。

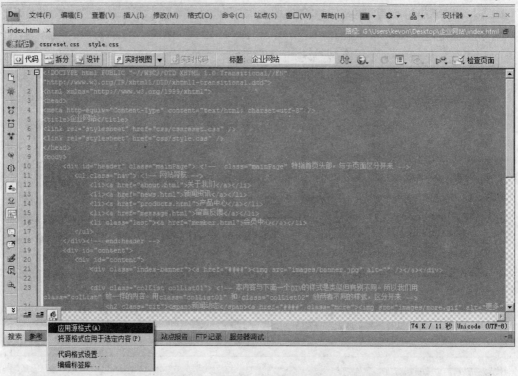

图 2-22　应用格式化源代码方案

 任务评价

根据任务描述、任务分析及任务实施 3 个步骤，各组同学完成了企业网站首页制作的任务。根据下列任务考核评价表的标准，进行任务评价。

任务考核评价表

序　号	考核内容		考核标准		配　分	得　分
1	职业素养（40%）	诚信	按时上交任务准备、实施及总结页的作业		10	
2		规范	文件命名合理		5	
3			项目文件夹结构合理		5	
4			任务工作页内容完整，页面整洁		5	
5		团结协作（组长评价）	服从组长安排，主动参与任务开发		10	
6			按时并保质保量完成分工工作		5	
7	工作质量（60%）	制作首页	内容完整，结构合理	网页对象内容按要求设置完整　页面的布局结构使用 DIV+CSS，实现了高效的页面布局	20	
8			功能实现	界面操作功能按要求正常实现	10	
9			设计质量	网页对象整体页面色彩搭配和谐，字体大小适中，结构清晰明了，体现一定的网页美工的水平，符合设计要求	15	
10			标记规范	HTML 标记使用规范，HTML 代码可读性强，通过查看 HTML 代码就能对网页的结构一目了然	15	
合计					100	

任务三 制作次页

➜ **任务说明**

此任务包括 5 个子任务，即制作"公司简介"、"新闻资讯"、"产品中心"、"留言反馈"和"会员中心"5 个次页面。

子任务一 制作"公司简介"页面

 任务描述

"公司简介"页面是用来描述公司基本情况的页面，因此作为任务三中的第1个子任务来进行设计。本任务还是以第1组网站原型"××公司"企业网站为实例，完成各组公司网站"公司简介"页面的布局设计和制作。

 任务分析

次页设计的步骤是：网站的主要导航结构页面，讲究风格的一致性，并与首页呼应，各栏目内部主要内容的介绍都可以在次页中体现，让浏览者能够迅速了解网站各栏目的主要内容，择其需要而浏览。以第1组网站原型"××公司"企业网站"公司简介"页面设计分析为例，该页面结构分析如图2-23所示。

图 2-23 "公司简介"网页结构分析

可以看到该页面布局分为头部、内容部分和底部。下面就开始"公司简介"页面的 HTML 网页结构文件和 CSS 样式文件的创建。

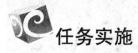

任务实施

此步骤中各组同学要完成的操作如下：编写 about us.html，此文件对应的效果图是"×× 公司-关于我们.jpg"。

1）将 index.html 文件另存为 about us.html。打开 about us.html，将标签"<div id="content">… </div>"内的代码进行删除，然后将文件第 10 行中的"class="mainPage""改成"class="subPage""，如图 2-24 所示。

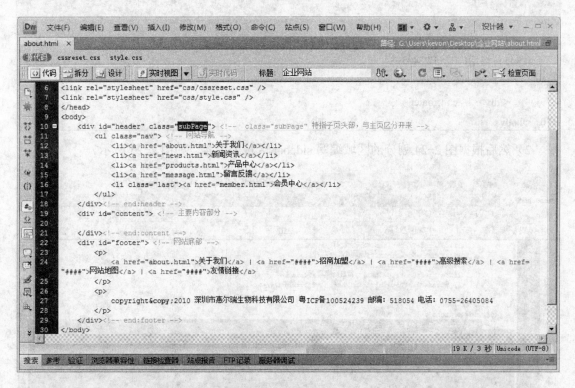

图 2-24　about us.html 页面

如上图所示，在第 9 行输入以下代码：

9	<body>
10	<div id="header" class="subPage"> <!--　class="subPage" 特指子页头部，与主页区分开来 -->
11	<ul class="nav"> <!-- 网站导航 -->
12	<li><a href="about.html">关于我们</a></li>
13	<li><a href="news.html">新闻资讯</a></li>
14	<li><a href="products.html">产品中心</a></li>

15	<li><a href="message.html">留言反馈</a></li>
16	<li class="last"><a href="member.html">会员中心</a></li>
17	</ul>
18	</div><!-- end:header -->
19	<div id="content"> <!-- 主要内容部分 -->
20	
21	</div><!-- end:content -->
22	<div id="footer"> <!-- 网站底部 -->
23	<p>
24	<a href="about.html">关于我们</a> | <a href="####">招商加盟</a> | <a href="####">高级搜索</a> | <a href="####">网站地图</a> | <a href="####">友情链接</a>
25	</p>
26	<p>
27	copyright&copy;2010 深圳市惠尔瑞生物科技有限公司 粤 ICP 备 100524239 邮编：518054 电话：0755-26405084
28	</p>
29	</div><!-- end:footer -->
30	</body>

2）然后根据图 2-24 划分的区域编写.sidebar 区域的内容，如图 2-25 所示。

图 2-25 .sidebar 代码

如上图所示，在第 20 行输入以下代码：

```
20   <div class="sidebar"> <!-- 左侧栏容器 -->
21       <h1 class="title">关于我们</h1>
22       <ul class="sortList"> <!-- 左侧菜单 -->
23           <li><a   href="####">公司简介</a></li>
24           <li><a   href="####">企业动态</a></li>
25       </ul>
26
27       <div class="sideAd"><a href="####"><img src="images/ad01.jpg" alt="" /></a></div>   <!--
广告图片 -->
28       <div class="sideAd"><a href="####"><img src="images/ad02.jpg" alt="" /></a></div>   <!--
广告图片 -->
29
30   </div><!-- end:sidebar -->
```

3）编写侧栏对应的样式。首先需要对"class="sidebar""这个 div 进行布局设置，在 style.css
文件的"/* 布局样式 */"区域找到下列代码："sidebar{ display:inline; float:left; margin-top:34px;
width:210px;}"，如图 2-26 所示。

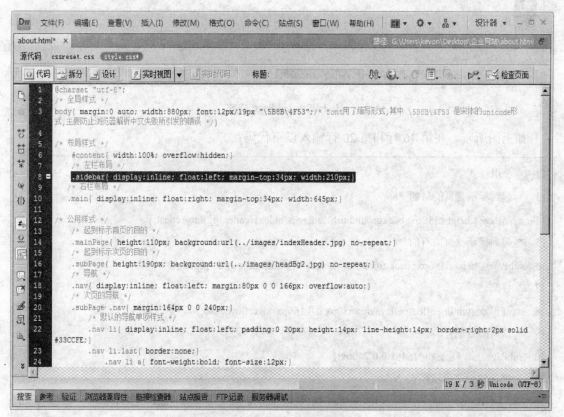

图 2-26　侧栏对应的样式

细心的读者会发现次页和首页的头部背景图片是不一样的，所以要单独对次页的头部进行设置。还记得之前的.subPage 样式名吧？接下来就用要用上它了。对公用样式内的部分样式进行修改，如图 2-27 所示。

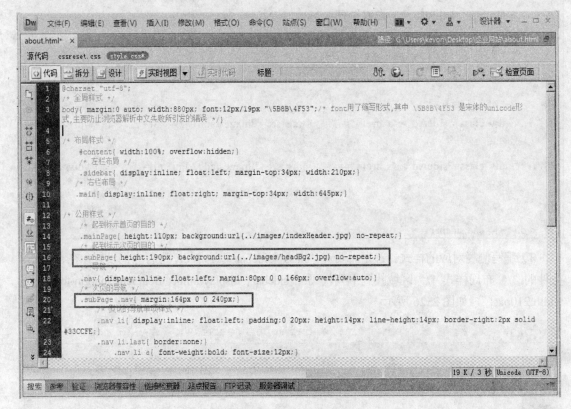

图 2-27　.subPage 样式

　　如上图所示，在第 16 行和第 20 行输入以下代码：

```
12  /* 公用样式 */
13  /* 起到标示首页的目的 */
14  .mainPage{ height:110px; background:url(../images/indexHeader.jpg) no-repeat;}
15  /* 起到标示次页的目的 */
16  .subPage{ height:190px; background:url(../images/headBg2.jpg) no-repeat;}
17  /* 导航 */
18  .nav{ display:inline; float:left; margin:80px 0 0 166px; overflow:auto;}
19  /* 次页的导航 */
20  .subPage .nav{ margin:164px 0 0 240px;}
21  /* 默认的导航单项样式 */
22  .nav li{ display:inline; float:left; padding:0 20px; height:14px; line-height:14px; border-right:2px solid
    #33CCFE;}
```

```
23   .nav li.last{ border:none;}
24   .nav li a{ font-weight:bold; font-size:12px;}
```

然后在#footer{...}样式的下方加入左栏列表和下方广告的样式，如图 2-28 所示。

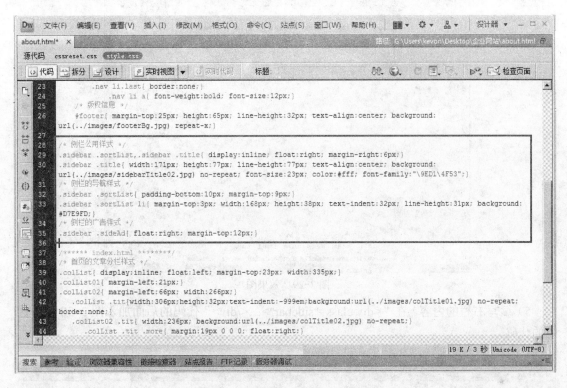

图 2-28　左栏列表和下方广告的样式

如上图所示，在第 28 行输入以下代码：

```
28   /* 侧栏公用样式 */
29   .sidebar .sortList,.sidebar .title{ display:inline; float:right; margin-right:6px;}
30   .sidebar .title{ width:171px; height:77px; line-height:77px; text-align:center; background:url(../images/sidebarTitle
     02.jpg) no-repeat; font-size:23px; color:#fff; font-family:"\9ED1\4F53";}
31   /* 侧栏的导航样式 */
32   .sidebar .sortList{ padding-bottom:10px; margin-top:9px;}
33   .sidebar .sortList li{ margin-top:3px; width:168px; height:38px; text-indent:32px; line-height:31px; background:
     #D7E9FD;}
34   /* 侧栏的广告样式 */
35   .sidebar .sideAd{ float:right; margin-top:12px;}
```

4）为了查看方便，将其他代码先行隐藏了，并加上了注释。最新的效果如图 2-29 所示。

图 2-29　效果图

5）编写右栏的内容。在"<div class="sidebar">...</div>"代码的后面加入图 2-30 中所选中的代码。

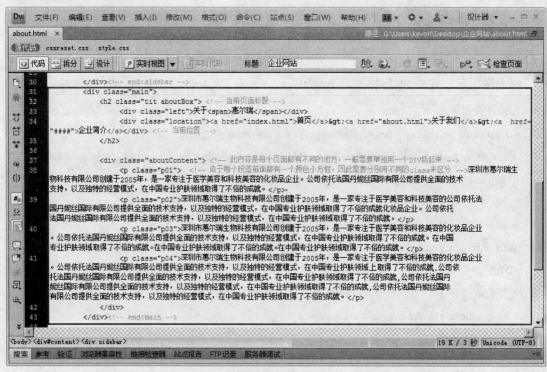

图 2-30　代码

如上图所示，在第 31 行插入以下代码：

```
31  <div class="main">
32      <h2 class="tit aboutBox"> <!-- 当前页面标题 -->
33          <div class="left">关于<span>惠尔瑞</span></div>
34          <div class="location"><a href="index.html">首页</a>&gt;<a href="about.html">关于我们</a>&gt;<a href="####">企业简介</a></div> <!-- 当前位置 -->
34      </h2>
36
37      <div class="aboutContent"> <!-- 此内容是每个页面都有不同的地方，一般需要单独用一个 DIV 括起来 -->
38          <p class="p01">  <!-- 由于每个段落前面都有一个颜色小方框，因此需要分别用不同的 class 来区分 -->深圳市惠尔瑞生物科技有限公司创建于 2005 年，是一家专注于医学美容和科技美容的化妆品企业。公司依托法国丹妮丝国际有限公司提供全面的技术支持，以及独特的经营模式，在中国专业护肤领域取得了不俗的成就。</p>
39          <p class="p02">深圳市惠尔瑞生物科技有限公司创建于 2005 年，是一家专注于医学美容和科技美容的公司依托法国丹妮丝国际有限公司提供全面的技术支持，以及独特的经营模式，在中国专业护肤领域取得了不俗的成就化妆品企业。公司依托法国丹妮丝国际有限公司提供全面的技术支持，以及独特的经营模式，在中国专业护肤领域取得了不俗的成就。</p>
40          <p class="p03">深圳市惠尔瑞生物科技有限公司创建于 2005 年，是一家专注于医学美容和科技美容的化妆品企业。公司依托法国丹妮丝国际有限公司提供全面的技术支持，以及独特的经营模式，在中国专业护肤领域取得了不俗的成就。在中国专业护肤领域取得了不俗的成就。在中国专业护肤领域取得了不俗的成就。在中国专业护肤领域上取得了不俗的成就。</p>
41          <p class="p04">深圳市惠尔瑞生物科技有限公司创建于 2005 年，是一家专注于医学美容和科技美容的化妆品企业。公司依托法国丹妮丝国际有限公司提供全面的技术支持，以及独特的经营模式，在中国专业护肤领域取得了不俗的成就,公司依托法国丹妮丝国际有限公司提供全面的技术支持，以及独特的经营模式，在中国专业护肤领域取得了不俗的成就,公司依托法国丹妮丝国际有限公司提供全面的技术支持，以及独特的经营模式，在中国专业护肤领域取得了不俗的成就,公司依托法国丹妮丝国际有限公司提供全面的技术支持，以及独特的经营模式，在中国专业护肤领域取得了不俗的成就。</p>
42      </div>
43  </div><!-- end:main -->
```

上述代码注释：

可以很容易发现在右栏的标题区域右边有一个反映当前位置的内容。这个内容的前面会有一个小图标，而且是每个次页的图标都不一样，为了实现在改动最少代码的情况下做最多事情的目的，在图 2-30 中的第 32 行的<H2>标签上加了两个样式名，tit 样式是为了对所有次页统一地设置一些样式，比如字体大小和颜色等，而 aboutBox 就是为了单独设置每个次页的图标。

6）对刚才编写的右栏内容设置样式。同样先对"class="main""的 div 标签设置成靠右显示，打开 style.css 并在第 8 行".sidebar{...}"代码的后面编写代码，如图 2-31 所示。

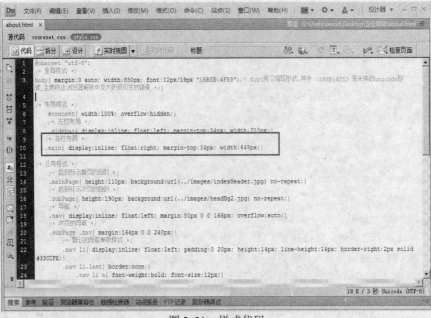

图 2-31 样式代码

如上图所示，在第 9 行输入以下代码：

```
5    /* 布局样式 */
6        #content{ width:100%; overflow:hidden;}
7        /* 左栏布局 */
8    .   sidebar{ display:inline; float:left; margin-top:34px; width:210px;}
9        /* 右栏布局 */
10       .main{ display:inline; float:right; margin-top:34px; width:645px;}
```

然后编写右栏的标题的样式，在左栏样式的下面插入代码，如图 2-32 所示。

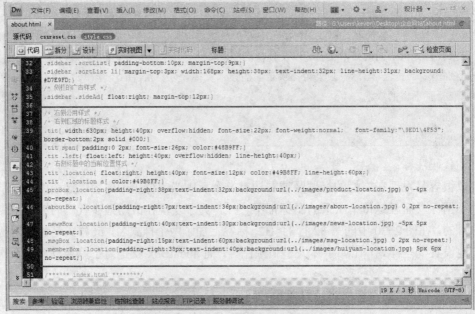

图 2-32 右栏标题的样式

如上图所示，在第 37 行输入以下代码：

```
37  /* 右侧公用样式  */
38  /* 右侧区域的标题样式 */
39  .tit{ width:630px; height:40px; overflow:hidden; font-size:22px; font-weight:normal;    font-family:"\9ED1\4F53";
    border-bottom:2px solid #000;}
40  .tit span{ padding:0 2px; font-size:26px; color:#48B9FF;}
41  .tit .left{ float:left; height:40px; overflow:hidden; line-height:40px;}
42  /* 右侧标题中的当前位置样式 */
43  .tit .location{ float:right; height:40px; font-size:12px; color:#49B8FF; line-height:60px;}
44  .tit   .location a{ color:#49B8FF;}
45  .proBox .location{padding-right:38px;text-indent:32px;background:url(../images/product-location.jpg) 0 -4px
    no-repeat;}
46  .aboutBox .location{padding-right:7px;text-indent:36px;background:url(../images/about-location.jpg) 0 2px
    no-repeat;}
47  .newsBox .location{padding-right:40px;text-indent:30px;background:url(../images/news-location.jpg) -5px
    5px no-repeat;}
48  .msgBox .location{padding-right:15px;text-indent:60px;background:url(../images/msg-location.jpg) 0 2px
    no-repeat;}
49  .memberBox .location{padding-right:38px;text-indent:40px;background:url(../images/huiyuan-location.jpg)
    5px 6px no-repeat;}
```

上述代码注释：

第 44 行到 49 行就是上一步讲到的方法，对每个次页的样式单独设置，为了提高效率，我们一次性地将其他次页的样式一并写好了。这样做有一个好处，就是只需要更换 aboutBox 这个样式名，就可以随时变换其他图标了。

最后，在 style.css 的最后插入样式就可以了，代码如图 2-33 所示。

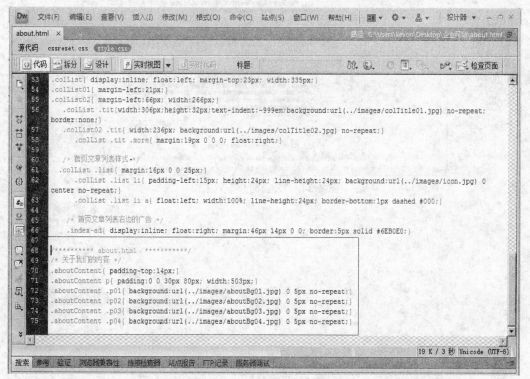

图 2-33 "公司简介" 样式代码

如上图所示，在第 68 行输入以下代码：

```
68  /********** about.html  ***********/
69  /* 关于我们的内容 */
70  .aboutContent{ padding-top:14px;}
71  .aboutContent p{ padding:0 0 30px 80px; width:503px;}
72  .aboutContent .p01{ background:url(../images/aboutBg01.jpg) 0 5px no-repeat;}
73  .aboutContent .p02{ background:url(../images/aboutBg02.jpg) 0 5px no-repeat;}
74  .aboutContent .p03{ background:url(../images/aboutBg03.jpg) 0 5px no-repeat;}
75  .aboutContent .p04{ background:url(../images/aboutBg04.jpg) 0 5px no-repeat;}
```

about.html 到这里就完成了，网页效果如图 2-34 所示。

图 2-34 "公司简介"效果图

任务评价

　　根据任务描述、任务分析及任务实施 3 个步骤，各组同学已完成企业网站"公司简介"页面制作的任务。根据下列任务考核评价表的标准，进行任务评价。

任务考核评价表

序 号	考核内容		考 核 标 准		配 分	得 分
1	职业素养（40%）	诚信	按时上交任务准备、实施及总结页的作业		10	
2		规范	文件命名合理		5	
3			项目文件夹结构合理		5	
4			任务工作页内容完整，页面整洁		5	
5		团结协作（组长评价）	服从组长安排，主动参与任务开发		10	
6			按时并保质保量完成分工工作		5	
7			完成项目设计规定的次页数量		5	
8	工作质量（60%）	制作首页	内容完整，结构合理	网页对象内容按要求设置完整 页面的布局结构使用 DIV+CSS，实现了高效的页面布局	20	
9			功能实现	界面操作功能按要求正常实现	10	
10			设计质量	网页对象整体页面色彩搭配和谐，字体大小适中，结构清晰明了，体现一定的网页美工的水平，符合设计要求	15	
11			标记规范	HTML 标记使用规范，HTML 代码可读性强，通过查看 HTML 代码就能对网页的结构一目了然	15	
合计					100	

子任务二　制作"新闻资讯"页面

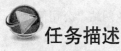 任务描述

"新闻资讯"页面是用来记录企业最新动态的页面，因此作为任务三中的第2个子任务来进行设计。本任务还是以第1组网站原型"××公司"企业网站为实例，完成各组企业网站"新闻资讯"页面的布局设计和制作。

任务分析

次页设计的步骤是：网站的主要导航结构页面，讲究风格的一致性，并与首页呼应，各栏目内部主要内容的介绍都可以在次页中体现，让浏览者能够迅速了解网站各栏目的主要内容，择其需要而浏览。以第1组网站原型"××公司"企业网站次页"新闻资讯"页面设计分析为例，该页面结构分析如图2-35所示。

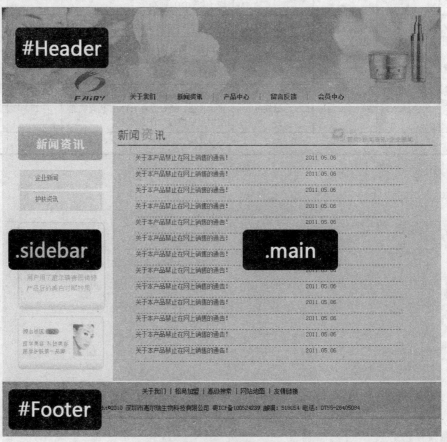

图2-35　"新闻资讯"网页结构分析

可以看到该页面布局分为头部、内容部分和底部。下面就开始"新闻资讯"页面的 HTML 网页结构文件和 CSS 样式文件的创建。

 任务实施

此步骤中同学们要完成的操作如下：编写 news.html，此文件对应的效果图是"××公司-新闻资讯.png"。

1）首先将 about us.html 文件另存为 news.html。修改其中的左栏列表信息和右栏标题部分的信息，修改后的代码如图 2-36 所示。

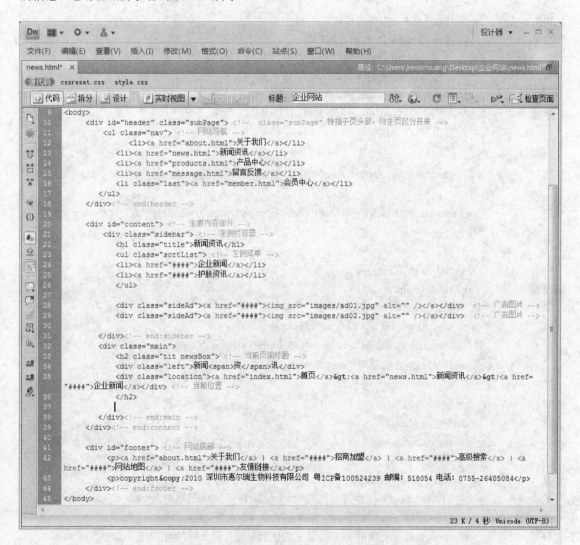

图 2-36 左栏列表信息和右栏标题部分代码

如上图所示，在第 9 行输入以下代码：

```
9    <body>
10       <div id="header" class="subPage"> <!--    class="subPage" 特指子页头部，与主页区分开来 -->
11          <ul class="nav"> <!-- 网站导航 -->
12             <li><a href="about.html">关于我们</a></li>
13             <li><a href="news.html">新闻资讯</a></li>
14             <li><a href="products.html">产品中心</a></li>
15             <li><a href="message.html">留言反馈</a></li>
16             <li class="last"><a href="member.html">会员中心</a></li>
17          </ul>
18       </div><!-- end:header -->
19
20       <div id="content"> <!-- 主要内容部分 -->
21          <div class="sidebar"> <!-- 左侧栏容器 -->
22             <h1 class="title">新闻资讯</h1>
23             <ul class="sortList"> <!-- 左侧菜单 -->
24                <li><a href="####">企业新闻</a></li>
25                <li><a href="####">护肤资讯</a></li>
26             </ul>
27
28             <div class="sideAd"><a href="####"><img src="images/ad01.jpg" alt="" /></a></div>
     <!-- 广告图片 -->
29             <div class="sideAd"><a href="####"><img src="images/ad02.jpg" alt="" /></a></div>
     <!-- 广告图片 -->
30
31          </div><!-- end:sidebar -->
32          <div class="main">
33             <h2 class="tit newsBox"> <!-- 当前页面标题 -->
34                <div class="left">新闻<span>资</span>讯</div>
35                <div class="location"><a href="index.html">首页</a>&gt;<a href="news.html">新闻资
     讯</a>&gt;<a href="####">企业新闻</a></div> <!-- 当前位置 -->
36             </h2>
37
38          </div><!-- end:main -->
39       </div><!-- end:content -->
40
41       <div id="footer"> <!-- 网站底部 -->
42          <p><a href="about.html">关于我们</a> | <a href="####">招商加盟</a> | <a href="####">高
     级搜索</a> | <a href="####">网站地图</a> | <a href="####">友情链接</a></p>
43          <p>copyright&copy;2010 深圳市惠尔瑞生物科技有限公司 粤 ICP 备 100524239 邮编：
     518054 电话：0755-26405084</p>
44       </div><!-- end:footer -->
45    </body>
```

2）接着添加新闻列表的 HTML。代码如图 2-37 所示。

图 2-37　新闻列表的代码

如上图所示，在第 37 行输入以下代码：

37	`<ul class="newsList"> <!-- 一般类似列表的内容可用 ul 标签，可读性高 -->`
38	`<li><a href="####">关于本产品禁止在网上销售的通告！</a><span class="time">2011.05.06</span></li>`
39	`<li><a href="####">关于本产品禁止在网上销售的通告！</a><span class="time">2011.05.06</span></li>`
40	`<li><a href="####">关于本产品禁止在网上销售的通告！</a><span class="time">2011.05.06</span></li>`
41	`<li><a href="####">关于本产品禁止在网上销售的通告！</a><span class="time">2011.05.06</span></li>`
42	`<li><a href="####">关于本产品禁止在网上销售的通告！</a><span class="time">2011.05.06</span></li>`
43	`<li><a href="####">关于本产品禁止在网上销售的通告！</a><span class="time">2011.05.06</span></li>`

44	`<li><a href="####">关于本产品禁止在网上销售的通告！</a><span class="time">2011.05.06</span></li>`
45	`<li><a href="####">关于本产品禁止在网上销售的通告！</a><span class="time">2011.05.06</span></li>`
46	`<li><a href="####">关于本产品禁止在网上销售的通告！</a><span class="time">2011.05.06</span></li>`
47	`<li><a href="####">关于本产品禁止在网上销售的通告！</a><span class="time">2011.05.06</span></li>`
48	`<li><a href="####">关于本产品禁止在网上销售的通告！</a><span class="time">2011.05.06</span></li>`
49	`<li><a href="####">关于本产品禁止在网上销售的通告！</a><span class="time">2011.05.06</span></li>`
50	`<li><a href="####">关于本产品禁止在网上销售的通告！</a><span class="time">2011.05.06</span></li>`
51	`</ul>`

3）接下来设置新闻列表的样式，打开 style.css 文件，在最后输入如图 2-38 所示的代码即可。

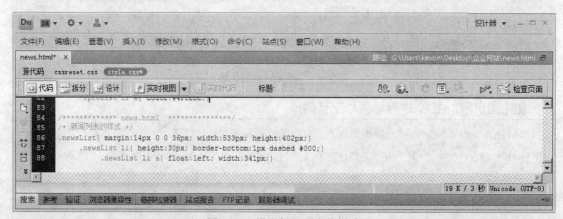

图 2-38 设置新闻列表的样式

如上图所示，在第 83 行输入以下代码：

83	
84	`/*********** news.html  **************/`
85	`/* 新闻列表的样式 */`
86	`.newsList{ margin:14px 0 0 36px; width:533px; height:402px;}`
87	`.newsList li{ height:30px; border-bottom:1px dashed #000;}`
88	`.newsList li a{ float:left; width:341px;}`

news.html 的整页效果图如图 2-39 所示。

图 2-39 news.html 效果图

 **任务评价**

　　根据任务描述、任务分析及任务实施 3 个步骤，各组同学已完成企业网站"新闻资讯"页面制作的任务。根据下列任务考核评价表的标准，进行任务评价。

任务考核评价表

序号	考核内容		考核标准		配分	得分
1	职业素养（40%）	诚信	按时上交任务准备、实施及总结页的作业		5	
2		规范	文件命名合理		5	
3			项目文件夹结构合理		5	
4			任务工作页内容完整，页面整洁		5	
5		团结协作（组长评价）	服从组长安排，主动参与任务开发		10	
6			按时并保质保量完成分工工作		5	
7			完成项目设计规定的次页数量		5	
8	工作质量（60%）	制作首页	内容完整，结构合理	网页对象内容按要求设置完整 页面的布局结构使用 DIV+CSS，实现了高效的页面布局	20	
9			功能实现	界面操作功能按要求正常实现	10	
10			设计质量	网页对象整体页面色彩搭配和谐，字体大小适中，结构清晰明了，体现一定的网页美工的水平，符合设计要求	15	
11			标记规范	HTML 标记使用规范，HTML 代码可读性强，通过查看 HTML 代码就能对网页的结构一目了然	15	
合计					100	

子任务三 制作"产品中心"页面

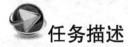 **任务描述**

"产品中心"页面是用来提供公司产品详细的页面，因此作为任务三中的第3个子任务来进行设计。本任务还是以第1组网站原型"××公司"企业网站为实例，完成各组企业网站"产品中心"页面的布局设计和制作。

任务分析

次页设计的步骤是：网站的主要导航结构页面，讲究风格的一致性，并与首页呼应，各栏目内部主要内容的介绍都可以在次页中体现，让浏览者能够迅速了解网站各栏目的主要内容，择其需要而浏览。以第1组网站原型"××公司"网站次页"产品中心"页面设计分析为例，该页面结构分析如图 2-40 所示。

图 2-40 "产品中心"网页结构分析

可以看到该页面布局与"公司简介"页面一样分为头部、内容部分和底部。下面就开始"产品中心"页面的 HTML 网页结构文件和 CSS 样式文件的创建。

任务实施

此步骤中各组同学要完成的操作如下：编写 products.html，此文件对应的效果图是"××公司-产品中心.jpg"。

1）首先将 news.html 另存为 products.html，接着删除"<div class="aboutContent">…</div>"的内容，然后修改左栏的列表信息、右栏的标题信息、所在位置的信息以及将样式名 aboutBox 修改成 proBox。修改后的代码如图 2-41 所示。

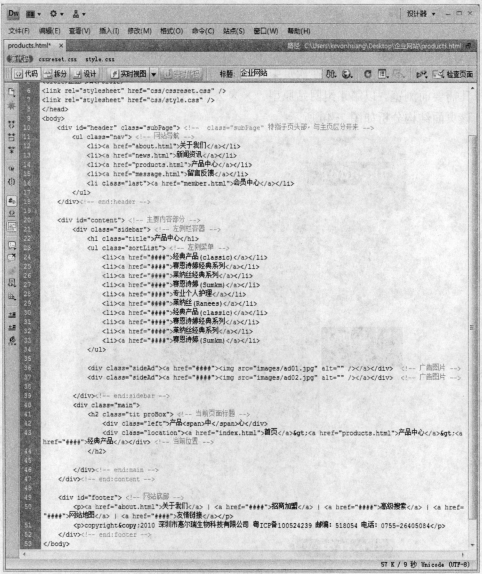

图 2-41 "产品中心"页面代码

如上图所示，在第 9 行输入以下代码：

```
9   <body>
10  <div id="header" class="subPage"> <!--   class="subPage" 特指子页头部，与主页区分开来 -->
11          <ul class="nav"> <!-- 网站导航 -->
12              <li><a href="about.html">关于我们</a></li>
13              <li><a href="news.html">新闻资讯</a></li>
14              <li><a href="products.html">产品中心</a></li>
15              <li><a href="message.html">留言反馈</a></li>
16              <li class="last"><a href="member.html">会员中心</a></li>
17          </ul>
18      </div><!-- end:header -->
19
20  <div id="content"> <!-- 主要内容部分 -->
21          <div class="sidebar"> <!-- 左侧栏容器 -->
22          <h1 class="title">产品中心</h1>
23              <ul class="sortList"> <!-- 左侧菜单 -->
24                  <li><a href="####">经典产品(classic)</a></li>
25                  <li><a href="####">赛恩诗婷经典系列</a></li>
26                  <li><a href="####">莱纳丝经典系列</a></li>
27                  <li><a href="####">赛恩诗婷(Sumkm)</a></li>
28                  <li><a href="####">专业个人护理</a></li>
29                  <li><a href="####">莱纳丝(Ranees)</a></li>
30                  <li><a href="####">经典产品(classic)</a></li>
31                  <li><a href="####">赛恩诗婷经典系列</a></li>
31                  <li><a href="####">莱纳丝经典系列</a></li>
33                  <li><a href="####">赛恩诗婷(Sumkm)</a></li>
34              </ul>
35
36          <div class="sideAd"><a href="####"><img src="images/ad01.jpg" alt="" /></a></div>
    <!-- 广告图片 -->
37          <div class="sideAd"><a href="####"><img src="images/ad02.jpg" alt="" /></a></div>
    <!-- 广告图片 -->
38
39      </div><!-- end:sidebar -->
40      <div class="main">
41      <h2 class="tit proBox"> <!-- 当前页面标题 -->
42          <div class="left">产品<span>中</span>心</div>
43              <div class="location"><a href="index.html">首页</a>&gt;<a href="products.html">产
    品中心</a>&gt;<a href="####">经典产品</a></div> <!-- 当前位置 -->
44          </h2>
45
46      </div><!-- end:main -->
47  </div><!-- end:content -->
48
49      <div id="footer"> <!-- 网站底部 -->
50          <p><a href="about.html">关于我们</a> | <a href="####">招商加盟</a> | <a href="####">高
    级搜索</a> | <a href="####">网站地图</a> | <a href="####">友情链接</a></p>
51          <p>copyright&copy;2010 深圳市惠尔瑞生物科技有限公司 粤 ICP 备 100524239 邮编：
    518054 电话：0755-26405084</p>
52      </div><!-- end:footer -->
53  </body>
```

2）编写商品列表的 HTML，代码如图 2-42 所示。由于商品项太多，因此隐藏了部分商品项。

```
Dw  ▦ ▾  ⚙ ▾  ♣ ▾                                                        设计器 ▾ _ □ ×
文件(F)  编辑(E)  查看(V)  插入(I)  修改(M)  格式(O)  命令(C)  站点(S)  窗口(W)  帮助(H)
products.html*  ×                              路径 C:\Users\kevonhuang\Desktop\企业网站\products.html
源代码   cssreset.css   style.css
代码  拆分  设计  实时视图 ▾  实时代码    标题: 企业网站        ⇅ ◎. C 圓. ⟍ 🔲 检查页面
```

```html
46   <ul class="proList"> <!-- 一般类似列表的内容可用ul标签，可读性高 -->
47       <li>
48           <div class="pic"><a href="####"><img src="images/pro01.jpg" alt="" /></a></div>
49           <div class="name"><a href="####">保湿修复组合</a></div>
50       </li>
51       <li>
52           <div class="pic"><a href="####"><img src="images/pro02.jpg" alt="" /></a></div>
53           <div class="name"><a href="####">保湿修复组合</a></div>
54       </li>
55       <li>
56           <div class="pic"><a href="####"><img src="images/pro03.jpg" alt="" /></a></div>
57           <div class="name"><a href="####">保湿修复组合</a></div>
58       </li>
59       <li>
60           <div class="pic"><a href="####"><img src="images/pro04.jpg" alt="" /></a></div>
61           <div class="name"><a href="####">保湿修复组合</a></div>
62       </li>
63       <li>
64           <div class="pic"><a href="####"><img src="images/pro05.jpg" alt="" /></a></div>
65           <div class="name"><a href="####">保湿修复组合</a></div>
66       </li>
67       <li>
68           <div class="pic"><a href="####"><img src="images/pro06.jpg" alt="" /></a></div>
69           <div class="name"><a href="####">保湿修复组合</a></div>
70       </li>
71       <li>
72           <div class="pic"><a href="####"><img src="images/pro07.jpg" alt="" /></a></div>
73           <div class="name"><a href="####">保湿修复组合</a></div>
74       </li>
75       <li>
76           <div class="pic"><a href="####"><img src="images/pro08.jpg" alt="" /></a></div>
77           <div class="name"><a href="####">保湿修复组合</a></div>
78       </li>
79       <li>
80           <div class="pic"><a href="####"><img src="images/pro09.jpg" alt="" /></a></div>
81           <div class="name"><a href="####">保湿修复组合</a></div>
82       </li>
83       <li>
84           <div class="pic"><a href="####"><img src="images/pro10.jpg" alt="" /></a></div>
85           <div class="name"><a href="####">保湿修复组合</a></div>
86       </li>
87       <li>
88           <div class="pic"><a href="####"><img src="images/pro11.jpg" alt="" /></a></div>
89           <div class="name"><a href="####">保湿修复组合</a></div>
90       </li>
91       <li>
92           <div class="pic"><a href="####"><img src="images/pro12.jpg" alt="" /></a></div>
93           <div class="name"><a href="####">保湿修复组合</a></div>
94       </li>
95   </ul>
```

```
                                                      57 K / 9 秒 Unicode (UTF-8)
```

图 2-42　商品列表的代码

如上图所示，在第 46 行输入以下代码：

```html
46   <ul class="proList"> <!-- 一般类似列表的内容可用 ul 标签，可读性高 -->
47   <li>
48   <div class="pic"><a href="####"><img src="images/pro01.jpg" alt="" /></a></div>
49   <div class="name"><a href="####">保湿修复组合</a></div>
50   </li>
51   <li>
52   <div class="pic"><a href="####"><img src="images/pro02.jpg" alt="" /></a></div>
53   <div class="name"><a href="####">保湿修复组合</a></div>
54   </li>
55   <li>
56   <div class="pic"><a href="####"><img src="images/pro03.jpg" alt="" /></a></div>
57   <div class="name"><a href="####">保湿修复组合</a></div>
58   </li>
```

```
59  <li>
60  <div class="pic"><a href="####"><img src="images/pro04.jpg" alt="" /></a></div>
61  <div class="name"><a href="####">保湿修复组合</a></div>
62  </li>
63  <li>
64  <div class="pic"><a href="####"><img src="images/pro05.jpg" alt="" /></a></div>
65  <div class="name"><a href="####">保湿修复组合</a></div>
66  </li>
67  <li>
68  <div class="pic"><a href="####"><img src="images/pro06.jpg" alt="" /></a></div>
69  <div class="name"><a href="####">保湿修复组合</a></div>
70  </li>
71  <li>
72  <div class="pic"><a href="####"><img src="images/pro07.jpg" alt="" /></a></div>
73  <div class="name"><a href="####">保湿修复组合</a></div>
74  </li>
75  <li>
76  <div class="pic"><a href="####"><img src="images/pro08.jpg" alt="" /></a></div>
77  <div class="name"><a href="####">保湿修复组合</a></div>
78  </li>
79  <li>
80  <div class="pic"><a href="####"><img src="images/pro09.jpg" alt="" /></a></div>
81  <div class="name"><a href="####">保湿修复组合</a></div>
82  </li>
83  <li>
84  <div class="pic"><a href="####"><img src="images/pro10.jpg" alt="" /></a></div>
85  <div class="name"><a href="####">保湿修复组合</a></div>
86  </li>
87  <li>
88  <div class="pic"><a href="####"><img src="images/pro11.jpg" alt="" /></a></div>
89  <div class="name"><a href="####">保湿修复组合</a></div>
90  </li>
91  <li>
92  <div class="pic"><a href="####"><img src="images/pro12.jpg" alt="" /></a></div>
93  <div class="name"><a href="####">保湿修复组合</a></div>
94  </li>
95  </ul>
```

3）编写上一步对应的样式，在 style.css 的最后编写代码，代码如图 2-43 所示。

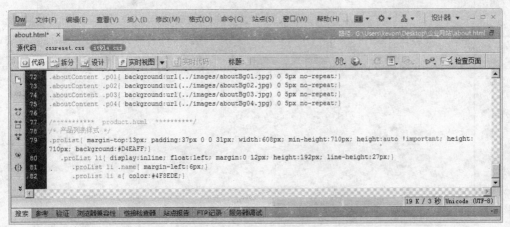

图 2-43　产品列表样式

如上图所示，在第 77 行输入以下代码：

```
77  /**********  product.html  **********/
78  /* 产品列表样式 */
79  .proList{ margin-top:13px; padding:37px 0 0 31px; width:608px; min-height:710px; height:auto !important;
    height:710px; background:#D4EAFF;}
80     .proList li{ display:inline; float:left; margin:0 12px; height:192px; line-height:27px;}
81        .proList li .name{ margin-left:6px;}
82        .proList li a{ color:#4F8EDE;}
```

products.html 的整体效果如图 2-44 所示。

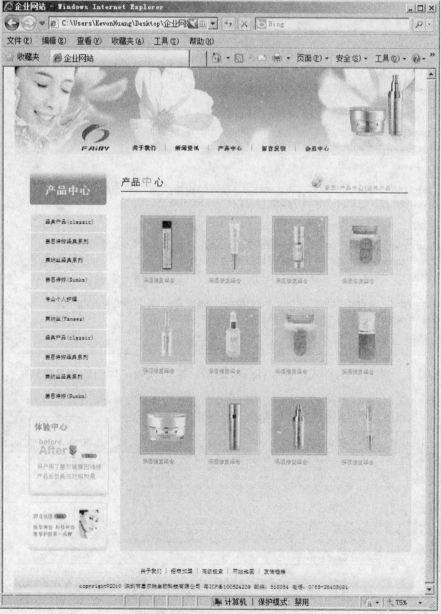

图 2-44 "产品中心"网页效果图

任务评价

　　根据任务描述、任务分析及任务实施3个步骤，各组同学已完成企业网站"产品中心"页面制作的任务。根据下列任务考核评价表的标准，进行任务评价。

任务考核评价表

序号	考核内容		考核标准	配分	得分
1	职业素养（40%）	诚信	按时上交任务准备、实施及总结页的作业	5	
2		规范	文件命名合理	5	
3			项目文件夹结构合理	5	
4			任务工作页内容完整，页面整洁	5	
5		团结协作（组长评价）	服从组长安排，主动参与任务开发	10	
6			按时并保质保量完成分工工作	5	
7			完成项目设计规定的次页数量	5	
8	工作质量（60%）	制作次页	内容完整，结构合理：网页对象内容按要求设置完整 页面的布局结构使用 DIV+CSS，实现了高效的页面布局	20	
9			功能实现：界面操作功能按要求正常实现	10	
10			设计质量：网页对象整体页面色彩搭配和谐，字体大小适中，结构清晰明了，体现一定的网页美工的水平，符合主题设计要求	15	
11			标记规范：HTML 标记使用规范，HTML 代码可读性强，通过查看 HTML 代码就能对网页的结构一目了然	15	
合计				100	

子任务四　制作“留言反馈”页面

任务描述

“留言反馈”页面是用来让消费者与企业交流意见、交流企业各项信息的页面，因此作为任务三中的第4个子任务来进行设计。本任务还是以第1组网站原型“××公司”企业网站为实例，完成各组企业网站“留言反馈”页面的布局设计和制作。

任务分析

次页设计的步骤是：网站的主要导航结构页面，讲究风格的一致性，并与首页呼应，各栏目内部主要内容的介绍都可以在次页中体现，让浏览者能够迅速了解网站各栏目的主要内容，择其需要而浏览。以第 1 组网站原型“××公司”企业网站次页“留言反馈”页面设计分析为例，该页面结构分析如图 2-45 所示。

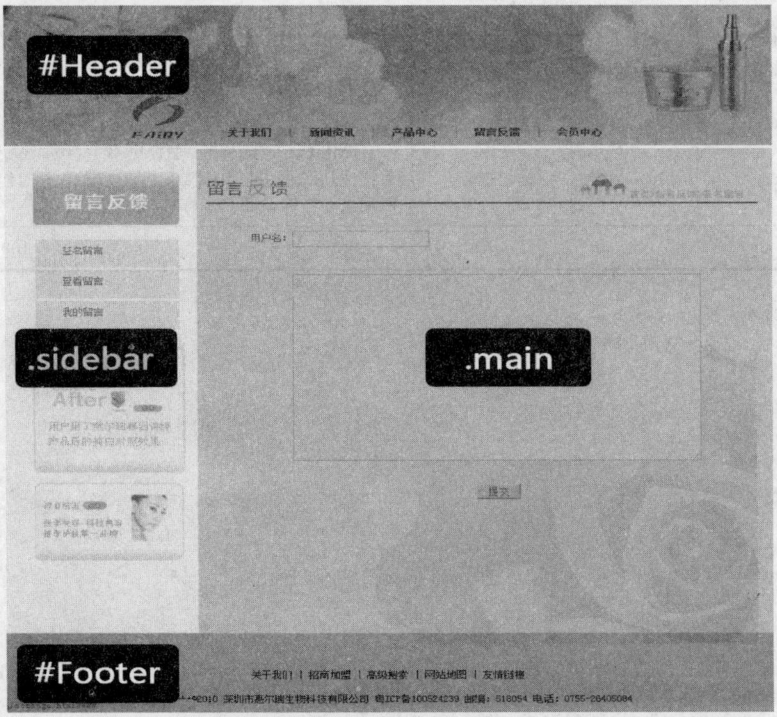

图 2-45　“留言反馈”网页结构分析

可以看到该页面布局与“公司简介”页面一样分为头部、内容部分和底部。下面就开始“留言反馈”页面的 HTML 网页结构文件和 CSS 样式文件的创建。

任务实施

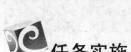

此步骤中各组同学要完成的操作如下：编写 message.html，此文件对应的效果图是"××公司-留言反馈.jpg"。

1）首先将 products.html 文件另存为 message.html。修改其中的左栏列表信息和右栏标题部分的信息，修改后的代码如图 2-46 所示。

图 2-46　左栏列表信息和右栏标题部分的代码

如上图所示，在第 9 行输入以下代码：

```
9   <body>
10      <div id="header" class="subPage"> <!--   class="subPage" 特指子页头部，与主页区分开来 -->
11          <ul class="nav"> <!-- 网站导航 -->
12              <li><a href="about.html">关于我们</a></li>
13              <li><a href="news.html">新闻资讯</a></li>
14              <li><a href="products.html">产品中心</a></li>
15              <li><a href="message.html">留言反馈</a></li>
16              <li class="last"><a href="member.html">会员中心</a></li>
17          </ul>
18      </div><!-- end:header -->
19
20      <div id="content"> <!-- 主要内容部分 -->
21          <div class="sidebar"> <!-- 左侧栏容器 -->
22              <h1 class="title">留言反馈</h1>
23                  <ul class="sortList"> <!-- 左侧菜单 -->
24                      <li><a href="####">签名留言</a></li>
25                      <li><a href="####">查看留言</a></li>
26                      <li><a href="####">我的留言</a></li>
27                  </ul>
28
29                  <div class="sideAd"><a href="####"><img src="images/ad01.jpg" alt="" /></a></div>   <!-- 广
    告图片 -->
30                  <div class="sideAd"><a href="####"><img src="images/ad02.jpg" alt="" /></a></div>   <!-- 广
    告图片 -->
31
32          </div><!-- end:sidebar -->
33          <div class="main">
34              <h2 class="tit msgBox"> <!-- 当前页面标题 -->
35                  <div class="left">留言<span>反</span>馈</div>
36                  <div class="location"><a href="index.html">首页</a>&gt;<a href="message.html">留
    言反馈</a>&gt;<a href="####">签名留言</a></div> <!-- 当前位置 -->
37              </h2>
38
39
9               </div><!-- end:main -->
10          </div><!-- end:content -->
11
12          <div id="footer"> <!-- 网站底部 -->
40              <p><a href="about.html">关于我们</a> | <a href="####">招商加盟</a> | <a href="####">高级
    搜索</a> | <a href="####">网站地图</a> | <a href="####">友情链接</a></p>
41              <p>copyright&copy;2010 深圳市惠尔瑞生物科技有限公司 粤 ICP 备 100524239 邮编：
    518054 电话：0755-26405084</p>
42          </div><!-- end:footer -->
43  </body>
```

2）编写表单内容。由于留言反馈和会员注册的样式差不多，所以用相同的结构来编写
这两个文件。首先编写留言反馈的代码，如图 2-47 所示。注意，图中被选中的区域是为了区
分两个文件的标识。

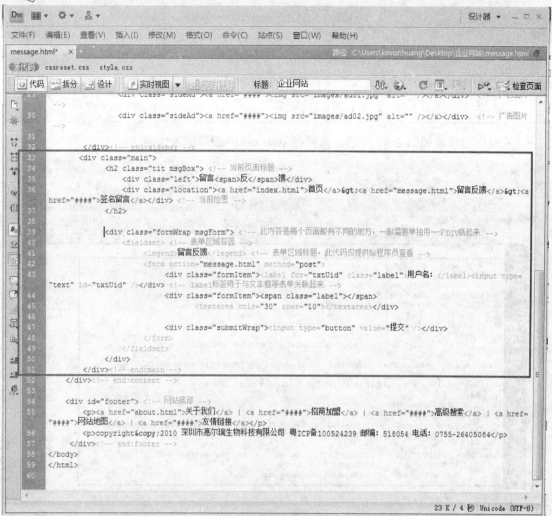

图 2-47　留言反馈的代码

如上图所示，在第 33 行输入以下代码：

33	`<div class="main">`
34	`    <h2 class="tit msgBox">` <!-- 当前页面标题 -->
35	`        <div class="left">`留言`<span>`反`</span>`馈`</div>`
36	`        <div  class="location"><a  href="index.html">`首页`</a>&gt;<a  href="message.html">`留言反馈`</a>&gt;<a href="####">`签名留言`</a></div>` <!-- 当前位置 -->
37	`    </h2>`
38	
39	`    <div class="formWrap msgForm">` <!-- 此内容是每个页面都有不同的地方，一般需要单独用一个 DIV 括起来 -->
40	`        <fieldset>` <!-- 表单区域容器 -->
41	`            <legend>`留言反馈`</legend>` <!-- 表单区域标题，此代码仅提供给程序员查看 -->
42	`                <form action="message.html" method="post">`
43	`                    <div class="formItem"><label for="txtUid" class="label">`用户名：`</label><input type="text" id="txtUid" /></div>` <!-- label 标签用于与文本框等表单关联起来 -->
44	`                    <div class="formItem"><span class="label"></span>`

```
45                         <textarea cols="30"rows="10"></textarea></div>
46
47                    <div class="submitWrap"><input type="button" value="提交" /></div>
48                </form>
49            </fieldset>
50        </div>
51 </div><!-- end:main -->
```

3）对应的样式如图 2-48 所示，同样在 style.css 的最后输入代码。

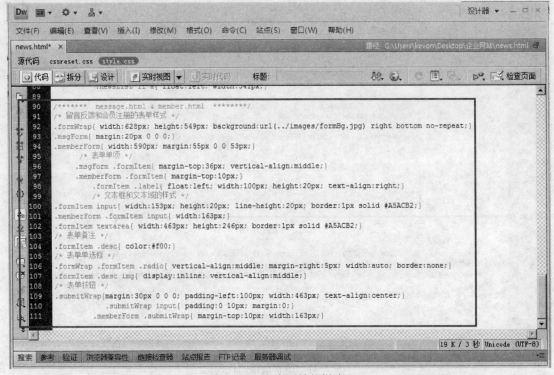

图 2-48　留言反馈的样式

如上图所示，在第 90 行输入以下代码：

```
90 /*******   message.html & member.html   ********/
91 /* 留言反馈和会员注册的表单样式 */
92 .formWrap{ width:628px; height:549px; background:url(../images/formBg.jpg) right bottom no-repeat;}
93 .msgForm{ margin:20px 0 0 0;}
94 .memberForm{ width:590px; margin:55px 0 0 53px;}
95     /* 表单单项 */
96    .msgForm .formItem{ margin-top:36px; vertical-align:middle;}
97    .memberForm .formItem{ margin-top:10px;}
98       .formItem .label{ float:left; width:100px; height:20px; text-align:right;}
99       /* 文本框和文本域的样式 */
100 .formItem input{ width:153px; height:20px; line-height:20px; border:1px solid #A5ACB2;}
101 .memberForm .formItem input{ width:163px;}
102 .formItem textarea{ width:463px; height:246px; border:1px solid #A5ACB2;}
103 /* 表单备注 */
```

```
104 .formItem .desc{ color:#f00;}
105 /* 表单单选框 */
106 .formWrap .formItem .radio{ vertical-align:middle; margin-right:5px; width:auto; border:none;}
107 .formItem .desc img{ display:inline; vertical-align:middle;}
108 /* 表单按钮 */
109 .submitWrap{margin:30px 0 0 0; padding-left:100px; width:463px; text-align:center;}
110            .submitWrap input{ padding:0 10px; margin:0;}
111            .memberForm .submitWrap{ margin-top:10px; width:163px;}
```

message.html 整页的效果如图 2-49 所示。

图 2-49　message.html 效果图

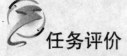 任务评价

　　根据任务描述、任务分析及任务实施 3 个步骤，各组同学已完成企业网站"留言反馈"页面制作的任务。根据下列任务考核评价表的标准，进行任务评价。

任务考核评价表

序　号	考核内容		考核标准		配　分	得　分
1	职业素养 （40%）	诚信	按时上交任务准备、实施及总结页的作业		5	
2		规范	文件命名合理		5	
3			项目文件夹结构合理		5	
4			任务工作页内容完整，页面整洁		5	
5		团结协作 （组长评价）	服从组长安排，主动参与任务开发		10	
6			按时并保质保量完成分工工作		5	
7			完成项目设计规定的次页数量		5	
8	工作质量 （60%）	制作次页	内容完整，结构合理	网页对象内容按要求设置完整 页面的布局结构使用 DIV+CSS，实现了高效的页面布局	20	
9			功能实现	界面操作功能按要求正常实现	10	
10			设计质量	网页对象整体页面色彩搭配和谐，字体大小适中，结构清晰明了，体现一定的网页美工的水平，符合主题设计要求	15	
11			标记规范	HTML 标记使用规范，HTML 代码可读性强，通过查看 HTML 代码就能对网页的结构一目了然	15	
合计					100	

子任务五　制作"会员中心"页面

任务描述

　　"会员中心"页面是用来提供公司会员的个人基本情况的页面，因此作为任务三中的第5个子任务来进行设计。本任务还是以第1组网站原型"××公司"企业网站为实例，完成各组企业网站"会员中心"页面的布局设计和制作。

任务分析

　　次页设计的步骤是：网站的主要导航结构页面，讲究风格的一致性，并与首页呼应，各栏目内部主要内容的介绍都可以在次页中体现，让浏览者能够迅速了解网站各栏目的主要内容，择其需要而浏览。以第1组网站原型"××公司"企业网站次页"会员中心"页面设计分析为例，该页面结构分析如图2-50所示。

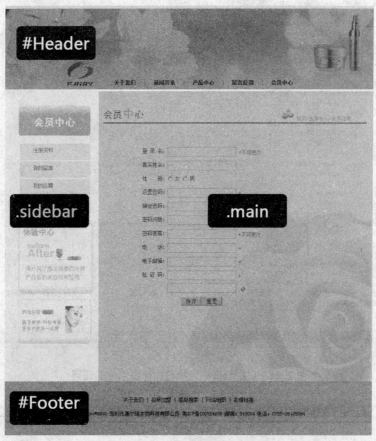

图 2-50　"会员中心"网页结构分析

可以看到该页面布局与"公司简介"、"留言反馈"、"产品中心"页面一样分为头部、内容部分和底部。下面就开始"会员中心"页面的 HTML 网页结构文件和 CSS 样式文件的创建。

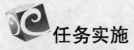 任务实施

此步骤中各组同学要完成的操作如下：编写 members.html，此文件对应的效果图是"××公司-会员注册.jpg"。

1）首先将 message.html 文件另存为 members.html。修改其中的左栏列表信息和右栏标题部分的信息，修改后的代码如图 2-51 所示。

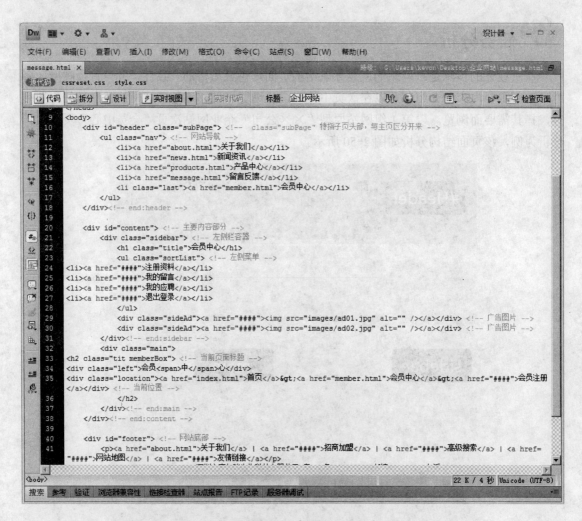

图 2-51　左栏列表信息和右栏标题部分的代码

如上图所示，在第 9 行输入以下代码：

```
9    <body>
10       <div id="header" class="subPage"> <!--  class="subPage" 特指子页头部，与主页区分开来 -->
```

```
11          <ul class="nav"> <!-- 网站导航 -->
12              <li><a href="about.html">关于我们</a></li>
13              <li><a href="news.html">新闻资讯</a></li>
14              <li><a href="products.html">产品中心</a></li>
15              <li><a href="message.html">留言反馈</a></li>
16              <li class="last"><a href="member.html">会员中心</a></li>
17          </ul>
18      </div><!-- end:header -->
19
20      <div id="content"> <!-- 主要内容部分 -->
21          <div class="sidebar"> <!-- 左侧栏容器 -->
22              <h1 class="title">会员中心</h1>
23              <ul class="sortList"> <!-- 左侧菜单 -->
24                  <li><a href="####">注册资料</a></li>
25                  <li><a href="####">我的留言</a></li>
26                  <li><a href="####">我的应聘</a></li>
27                  <li><a href="####">退出登录</a></li>
28              </ul>
29              <div class="sideAd"><a href="####"><img src="images/ad01.jpg" alt="" /></a></div> <!--
广告图片 -->
30              <div class="sideAd"><a href="####"><img src="images/ad02.jpg" alt="" /></a></div> <!--
广告图片 -->
31          </div><!-- end:sidebar -->
32          <div class="main">
33              <h2 class="tit memberBox"> <!-- 当前页面标题 -->
34                  <div class="left">会员<span>中</span>心</div>
35                  <div class="location"><a href="index.html">首页</a>&gt;<a href="member.html">会
员中心</a>&gt;<a href="####">会员注册</a></div> <!-- 当前位置 -->
36              </h2>
37          </div><!-- end:main -->
38      </div><!-- end:content -->
39
40      <div id="footer"> <!-- 网站底部 -->
41          <p><a href="about.html">关于我们</a> | <a href="####">招商加盟</a> | <a href="####">高级
搜索</a> | <a href="####">网站地图</a> | <a href="####">友情链接</a></p>
42          <p>copyright&copy;2010 深圳市惠尔瑞生物科技有限公司 粤 ICP 备 100524239 邮编:
518054 电话：0755-26405084</p>
43      </div><!-- end:footer -->
44  </body>
```

2）编写会员注册的表单内容。由于代码太长，因此隐藏了中间的内容，结构都是相同的，稍微修改下信息即可。代码如图 2-52 所示。

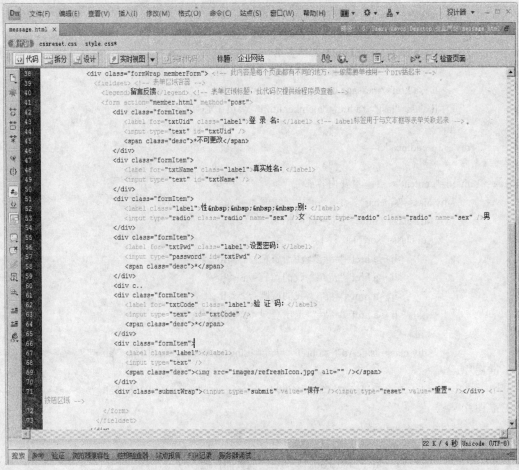

图 2-52　会员注册的表单内容

如上图所示，在第 38 行输入以下代码：

38	`<div class="formWrap memberForm">` <!-- 此内容是每个页面都有不同的地方，一般需要单独用一个 DIV 括起来 -->
39	`<fieldset>` <!-- 表单区域容器 -->
40	`<legend>留言反馈</legend>` <!-- 表单区域标题，此代码仅提供给程序员查看 -->
41	`<form action="member.html" method="post">`
42	`<div class="formItem">`
43	`<label for="txtUid" class="label">登 录 名：</label>` <!-- label 标签用于与文本框等表单关联起来 -->
44	`<input type="text" id="txtUid" />`
45	`<span class="desc">*不可更改</span>`
46	`</div>`
47	`<div class="formItem">`
48	`<label for="txtName" class="label">真实姓名：</label>`
49	`<input type="text" id="txtName" />`
50	`</div>`
51	`<div class="formItem">`
52	`<label class="label">性    别：</label>`
53	`<input type="radio" class="radio" name="sex" />女 <input type="radio" class="radio" name="sex" />男`

```
54          </div>
55          <div class="formItem">
56              <label for="txtPwd" class="label">设置密码：</label>
57              <input type="password" id="txtPwd" />
58              <span class="desc">*</span>
59          </div>
60          <div c..
61          <div class="formItem">
62              <label for="txtCode" class="label">验 证 码：</label>
63              <input type="text" id="txtCode" />
64              <span class="desc">*</span>
65          </div>
66          <div class="formItem">
67              <label class="label"></label>
68              <input type="text" />
69              <span class="desc"><img src="images/refreshIcon.jpg" alt="" /></span>
70          </div>
71          <div class="submitWrap"><input type="submit" value="保存" /><input type="reset" value="重置"
    /></div> <!-- 按钮区域 -->
72          </form>
73      </fieldset>
74  </div>
```

3）由于上一个页面已经写好了大部分的样式，现在只需要加入几句样式就可以了。代码如图 2-53 用标注框标出的地方所示。

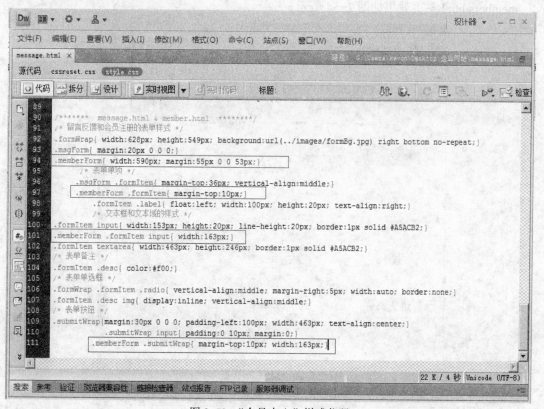

图 2-53 "会员中心"样式代码

如上图所示，在第 89 行输入以下代码：

```
89
90  /*******  message.html & member.html  ********/
91  /* 留言反馈和会员注册的表单样式 */
92  .formWrap{ width:628px; height:549px; background:url(../images/formBg.jpg) right bottom no-repeat;}
93  .msgForm{ margin:20px 0 0 0;}
94  .memberForm{ width:590px; margin:55px 0 0 53px;}
95      /* 表单单项 */
96      .msgForm .formItem{ margin-top:36px; vertical-align:middle;}
97      .memberForm .formItem{ margin-top:10px;}
98          .formItem .label{ float:left; width:100px; height:20px; text-align:right;}
99          /* 文本框和文本域的样式 */
100 .formItem input{ width:153px; height:20px; line-height:20px; border:1px solid #A5ACB2;}
101 .memberForm .formItem input{ width:163px;}
102 .formItem textarea{ width:463px; height:246px; border:1px solid #A5ACB2;}
103 /* 表单备注 */
104 .formItem .desc{ color:#f00;}
105 /* 表单单选框 */
106 .formWrap .formItem .radio{ vertical-align:middle; margin-right:5px; width:auto; border:none;}
107 .formItem .desc img{ display:inline; vertical-align:middle;}
108 /* 表单按钮 */
109 .submitWrap{margin:30px 0 0 0; padding-left:100px; width:463px; text-align:center;}
110         .submitWrap input{ padding:0 10px; margin:0;}
111         .memberForm .submitWrap{ margin-top:10px; width:163px;}
```

members.html 整页效果如图 2-54 所示。

图 2-54   members.html 效果图

任务评价

　　根据任务描述、任务分析及任务实施 3 个步骤，各组同学已完成企业网站"会员中心"页面制作的任务。根据下列任务考核评价表的标准，进行任务评价。

任务考核评价表

序号	考核内容		考核标准	配分	得分
1	职业素养（40%）	诚信	按时上交任务准备、实施及总结页的作业	5	
2		规范	文件命名合理	5	
3			项目文件夹结构合理	5	
4			任务工作页内容完整，页面整洁	5	
5		团结协作（组长评价）	服从组长安排，主动参与任务开发	10	
6			按时并保质保量完成分工工作	5	
7			完成项目设计规定的次页数量	5	
8	工作质量（60%）	制作次页	内容完整，结构合理：网页对象内容按要求设置完整，页面的布局结构使用 DIV+CSS，实现了高效的页面布局	20	
9			功能实现：界面操作功能按要求正常实现	10	
10			设计质量：网页对象整体页面色彩搭配和谐，字体大小适中，结构清晰明了，体现一定的网页美工的水平，符合主题设计要求	15	
11			标记规范：HTML 标记使用规范，HTML 代码可读性强，通过查看 HTML 代码就能对网页的结构一目了然	15	
合计				100	

任务四 企业网站项目展示评价

任务描述

通过完成任务二、任务三的内容，各组同学完成了本项目企业网站的首页及各次页的设计和制作。在任务四中，各组同学将完成企业网站的搭建及项目展示评价。

任务实施

请各组同学参考第 1 组原型设计"××公司"企业网站结构，如图 2-55 所示，将本企业网站搭建成一个完整的网站（两级静态页面）模型。

企业网站搭建要求：

1）根据网站架构将设计完成的网页搭建成一个完整的企业网站（静态两级页面）。

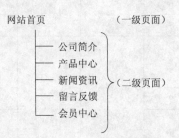

图 2-55 "××公司"企业网站结构

2）网站各页面设计美观简洁，布局合理，内容完整，特别要求符合 Web 标准，即 DIV+CSS。注：CSS 源文件中最好加注释，比如哪些样式属于哪一张页面，一定要加上注释语句。

3）首页及各次页面上的菜单项或导航栏目要完成超链接设置，特别注意首页导航的方向（可以正确打开各次页面）。

4）整个网站设计符合电子商务型网站的要求：体现在颜色搭配、版面布局、文字图片运用等方面。

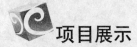

项目展示

1. 项目展示要求

请各组同学根据展示要求，认真准备项目展示。项目展示要求如下：

1）完整地完成项目。

2）介绍项目的结构（页面布局符合 Web 标准，内容功能要完整，网站目录结构要清楚）。

3）完成设计项目的心得体会。

4）讲述语言要流畅、清楚、简练。

5）时间控制在 6 分钟内。

2."企业网站"项目展示流程

请各组同学根据完成的项目设计，进行项目展示。

（1）展示内容

展示内容使用 PPT 完成，包含下列各项。

1）网站目录结构图。

2）网页布局分析。

3）网页 CSS 代码层次结构。

4）设计体会。

（2）演示网站项目（浏览网站页面）

1）网站页面内容。

2）网站色彩。

3）网站导航、链接方向。

4）网站页面交互功能的实现。（拓展能力：Java Script 脚本语言的应用）

3."企业网站"项目展示总结

通过"企业网站"项目设计和项目展示，各组同学更清楚地认识到自己在"电子商务型"网站项目设计过程中所遇到的问题和困惑，并在项目设计中不断提高自己发现问题、解决问题的能力，为今后的实际工作积累经验。

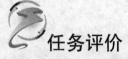 任务评价

1. "企业网站"项目展示小组评价

请各组同学根据"项目二'企业网站开发'展示评价表（小组评分表）"，对各组设计完成的企业网站项目进行小组互评。

组名	评价内容		评价标准	配分	组1	组2	组3	组4	组5	组6	组7
	职业素养（40%）	工作规范	项目资料完整	10							
			项目文件夹结构清晰，文件命名合理	10							
			展示时间把握准确，展示语言清晰明了、流畅	10							
		团结协作	小组成员分工合理、协作到位	10							
	工作质量（60%）	项目设计	网站内容 内容完整且能完成基本的交互界面（拓展技能）	10							
			网站结构 网站导航及超链接方向正确	10							
			网站风格 整体风格统一，符合网站主题	20							
			版面布局 符合CSS+DIV网页布局标准	20							

（表头：项目二 "企业网站开发" 展示评价表（小组评分表））

2. "企业网站"项目展示汇总评价

请各组同学根据"项目二'企业网站开发'展示评价表（各组评分汇总表）"，对各组设计完成的企业网站项目进行各小组汇总评价。

组名	评价内容		评价标准		配分	组1	组2	组3	组4	组5	组6	组7	总评
	职业素养（40%）	工作规范	项目资料完整		10								
			项目文件夹结构清晰，文件命名合理		10								
			展示时间把握准确，展示语言清晰明了、流畅		10								
		团结协作	小组成员分工合理、协作到位		10								
	工作质量（60%）	项目设计	网站内容	内容完整且能完成基本的交互界面（拓展技能）	10								
			网站结构	网站导航及超链接方向正确	10								
			网站风格	整体风格统一，符合网站主题	20								
			版面布局	符合CSS+DIV网页布局标准	20								
合计													
点评汇总													

（表头：项目二 "企业网站开发" 展示评价表（各组评分汇总表））

附　录

附录 A 网页美工设计

由于项目二是将本课程的平行课程"网页美工"中设计完成的项目原型作为实例，因此从已经设计完成的 8 组网站原型中挑选了第 1、3、5、7 四组设计图，发给各组学生做参考。各小组可以参考这 4 组设计图中的任一种，也可以小组自行设计。因此，还以第 1 组原型为例进行网页原型图切片操作演示，供学生参考。

1）启动 Photoshop 8.0，如附图 A-1 所示。

2）选择"文件"→"打开"命令，在弹出的"打开"对话框中选取设计图，然后单击右下角的"打开"按钮，如附图 A-2 所示。

3）首先选择左侧工具栏中的放大镜工具或按快捷键<Z>，如附图 A-3 所示。进行局部放大，放大后效果如附图 A-4 所示。

在这里会示范对头部的背景图片进行切图。由于这个设计图是 JPG 格式的，没有 PSD 格式，所以需要先对导航的所有文字用 Photoshop 清除掉。

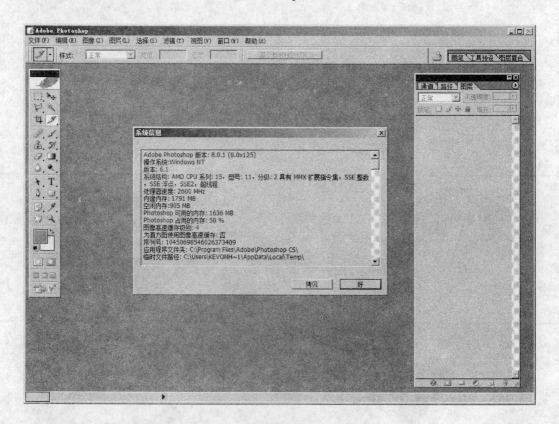

附图 A-1　Photoshop 8.0 启动界面

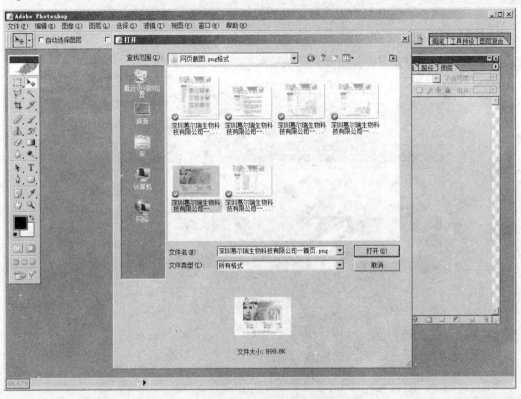

附图 A-2　打开设计图

附图 A-3　选择放大镜工具　　　　　　　　　附图 A-4　放大设计图

4）选择左侧工具栏中的矩形选择工具或按快捷键<M>，然后在"关于我们"右边画出一小块方格，如附图 A-5 所示。

附图 A-5　选择区域

5）按快捷键<Ctrl+T>，此时就可以对刚才选择的区域进行放大处理了。选择左边的小矩形方格进行拖放，如附图 A-6 所示，然后按<Enter>键，再按快捷键<Ctrl+D>取消选择区域，如附图 A-7 所示。

附图 A-6　改变选择区域

附图 A-7　清除文字后的效果

6）进行完一些简单的图片处理工作后，就可以开始将标题的背景切下了。选择左侧工具栏中的切片工具或按快捷键<K>，如附图 A-8 所示，然后在标题区域画一个矩形，如附图 A-9 所示。

附图 A-8　选择切片工具　　　　　　　　　　附图 A-9　使用切片工具切图

7）双击刚刚用切片工具画的矩形区域，系统会弹出"切片选项"对话框，如附图 A-10 所示。

对话框中的"名称"是该切片的名称，该切片稍后保存完就会以这个名称作为图片名称，一般需要为它起一个简单易记的名字，例如"headBg"。下面的尺寸区域中，X 和 Y 是指切片的左上角与整张设计图的左上角的宽和高，其中 X 是宽。而 W 和 H 表示该切片区域的宽和高，如果对这两个值修改，切片大小也会随着变化，所以可以进行微调处理。

附图 A-10 "切片选项"对话框

8）其他的图片这里就不做展示了，全部切片都切完并且命名后就可以选择"文件"→"储存为 Web 所用格式"命令，快捷键是<Alt+Shift+Ctrl+S>，按快捷键后弹出"储存为 Web 所用格式"窗口，然后按<Shift>键并单击鼠标左键同时选中所需要的切片，如附图 A-11 所示，选中后的切片为暗红色边框。

附图 A-11 选中要保存的切片

9）对刚选择的切片进行图片优化，在窗口右侧"预设"选项栏中进行设置，可以选择保存成 GIF 或是 JPG 格式，具体需要根据设计图的质量而定，该设计图选择 JPG 高品质会好一些。最后就可以通过单击"存储"按钮，在弹出的"将优化结果存储为"对话框中进行保存了，保存配置如附图 A-12 所示。因为这种存储方式会自动创建一个 images 文件夹，所以不要在 images 文件夹中进行保存，要在 images 文件夹的上级进行保存。

附图 A-12　保存切片图片的选项

附录 B　浏览器兼容测试

网页设计完成后，经常会遇到不同浏览器预览页面时出现预览显示不兼容的问题，下面就以项目二的"企业网站"首页为例进行浏览器兼容问题的测试。

1．用 IE 8.0 测试兼容性

在兼容测试中，最麻烦的肯定是 IE 系列的浏览器了，因为从 IE 6.0 到 IE 8.0 的每个版本差异都很大，所以一般需要一台计算机同时拥有多个版本的 IE 浏览器。幸好从 IE 8.0 开始，微软已经融入了多渲染版本的功能，可以让用户同时测试 IE 7.0 和 IE 8.0 这两个版本的浏览器。下面是操作说明：

1）打开 IE 8.0 浏览器，并且按键盘上的<F12>键，此时会在下面弹出开发人员工具，如附图 B-1 所示。

附图 B-1　打开 IE 8.0 的开发人员工具

2）在 IE 8.0 的开发人员工具中找到"浏览器模式"和"文本模式"，同时调节这两个选项，使它们保持一样的 IE 版本，如附图 B-2 所示。如果使用了 IE 7.0 的渲染效果和 IE 8.0 的有 95% 相似，就表示合格了。

附图 B-2　使用 IE 7.0 模式进行渲染

2. 使用 IEtester 进行测试

IEtester 是一款专门调试网页的软件，能够同时在各个 IE 版本环境下进行查看。

1）打开 IEtester，如附图 B-3 所示。

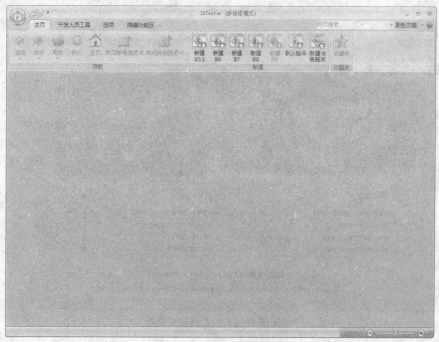

附图 B-3　IEtester 欢迎页面

2）选择要测试的 IE 版本，如附图 B-4 所示。

146

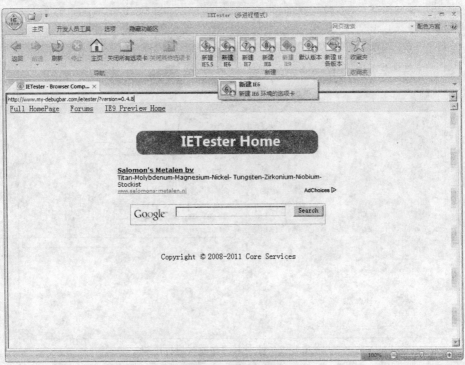

附图 B-4　选择 IE 的版本

3）将网页存放的地址粘贴在 IEtester 的地址栏并按<Enter>键，如附图 B-5 所示。

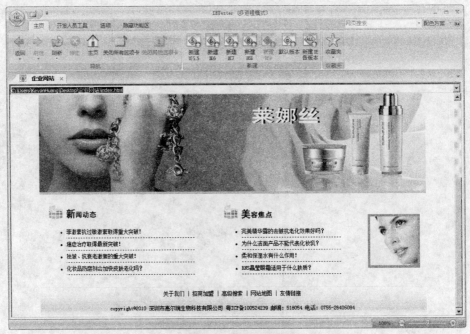

附图 B-5　载入测试页面

参 考 文 献

[1]　朱慧群. 网页设计与制作[M]. 北京：中国铁道出版社，2007.

[2]　曹金明，程超，王骏. 网页设计与配色[M]. 北京：北京希望电子出版社，2005.